学术研究专著·物理学

菲涅耳二元脉冲整形的
类透镜效应

李百宏　著

U0382061

西北工业大学出版社

西安

【内容简介】 本书通过类比薄透镜在空间对光束的聚焦及相位变换作用,利用菲涅耳二元脉冲整形方案解决了与二次相位相关的一些物理过程的类透镜效应问题。书中制备菲涅耳类透镜的内容是解决处理或消除二次相位因子相关物理过程的一般性方法。

本书共分 6 章:第 1 章介绍了透镜的作用、菲涅耳波带片、空间-时间(频率)对偶性等基础知识及书中内容的研究背景及意义;第 2 章介绍了脉冲整形原理与技术;第 3 章研究了非共振双光子吸收过程中的量子聚焦与相干控制;第 4 章研究了二次谐波产生的光谱压缩;第 5 章研究了啁啾纠缠光子对的时域压缩;第 6 章研究了啁啾光脉冲的压缩。

本书可作为量子光学、非线性光学、超快光学领域科研人员参考用书及高等院校相关专业研究生的教学参考用书。

图书在版编目(CIP)数据

菲涅耳二元脉冲整形的类透镜效应/李百宏著.—
西安:西北工业大学出版社,2019.10
ISBN 978 - 7 - 5612 - 6694 - 6

Ⅰ.①菲… Ⅱ.①李… Ⅲ.①量子光学-研究
Ⅳ.①O431.2

中国版本图书馆 CIP 数据核字(2019)第 242021 号

FEINIEER ERYUAN MAICHONG ZHENGXING DE LEITOUJING XIAOYING
菲 涅 耳 二 元 脉 冲 整 形 的 类 透 镜 效 应

责任编辑:张 潼		策划编辑:雷 军	
责任校对:胡莉巾		装帧设计:李 飞	

出版发行:西北工业大学出版社
通信地址:西安市友谊西路 127 号　　　　邮编:710072
电　　话:(029)88491757,88493844
网　　址:www.nwpup.com
印 刷 者:兴平市博闻印务有限公司
开　　本:710 mm×1 000 mm　　　1/16
印　　张:8.125
字　　数:160 千字
版　　次:2019 年 10 月第 1 版　　2019 年 10 月第 1 次印刷
定　　价:48.00 元

作者简介

李百宏(1985—),男,理学博士,中国科学院国家授时中心博士后。现为西安科技大学理学院应用物理系副教授,硕士生导师,陕西省重点科技创新团队成员,西安科技大学微纳米科学与智能技术创新团队成员。主要从事量子光学、非线性光学领域的研究工作。主持和参与完成国家自然科学基金等科研项目 10 余项。在 *Physical Review A*,*Optics Letters*,*Optics Express* 等国内外著名学术期刊发表学术论文 30 余篇。担任国家自然科学基金同行评议专家;*Optics Express*,*Optics Communication* 等国际期刊审稿人。授权国内发明专利和实用新型专利各 1 项,主编实验教材 1 部。获得陕西师范大学优秀博士学位论文奖,西安市第十五届自然科学优秀论文二等奖等。

刳天地之美析

萬物之理

莊子語

歲月軒翹楚敬錄

己亥秋於水

前　　言

透镜具有对光束的聚焦和发散作用及成像功能,因而是最简单、最重要的光学元件之一。在傅里叶光学中,薄透镜还可以作为相位变换器(附加或消除空间二次相位)并具有傅里叶变换的性质。利用菲涅耳半波带思想,可以制备具有类似透镜功能的菲涅耳波带片,从而制作成菲涅耳透镜。菲涅耳透镜现已被广泛应用于投影显示、聚光聚能、航空航海、红外探测、照明光学、智能家居等多个领域。通过类比经典光学中的空间效应,在一定条件下可以将其推广到与这些效应相关的时域和频域的物理过程中。其中典型的例子就是将透镜的空间性质,包括对光束的聚焦、发散,相位变换作用及其傅里叶变换性质推广到时域或频域相关的物理过程中。这些类比[空间-时间(频率)对偶性]已被广泛应用于量子聚焦、光谱压缩、时域成像及超高速光信号处理等多个领域。因此,基于空间-时间(频率)对偶性,研究与其相关物理过程的类透镜效应具有重要的科学意义和应用价值。

本书基于空间-时间(频率)对偶性,利用菲涅耳二元脉冲整形方案在频域和时域设计出了菲涅耳类透镜,解决了与二次相位相关的一些物理过程的类透镜效应问题。本书内容主要分为频域菲涅耳类透镜和时域菲涅耳类透镜相关物理过程两部分。频域菲涅耳类透镜部分涉及两个二阶非线性过程,即非共振双光子吸收过程中的量子聚焦及相干控制和二次谐波产生的光谱压缩;时域菲涅耳类透镜部分涉及两个物理过程,即啁啾纠缠光子对的时域压缩和啁啾超短光脉冲压缩。

本书不是某一个具体领域研究成果的总结,而是涉及包含量子光学、非线性光学和超快光学等多个领域中与类透镜相关的研究成果的整理。本书强调了类比思想在科研中的重要性及应用。通过阅读本书,不仅能让读者了解菲涅耳二元脉冲整形类透镜效应的研究成果,同时还能加深读者对类比思想在科研中的作用和应用的理解,以促进读者利用类比思想加深对不同物理过程的理解,拓展研究思路和方法,激发科研灵感。本书中所提的利用菲涅耳二元脉冲整形方案制备菲涅耳类透镜的内容是解决处理或消除二次相位因子相关物理过程的一般性方法,可以拓展到与二次相位相关的其他领域。

书中的研究成果得到了国家自然科学基金项目(项目编号:11504292)、陕西省自然科学基础研究计划项目(项目编号:2016JQ1063、2019JM－346)和西安科技大学优秀青年科技基金(项目编号:2019YQ2－13)的资助。其中的实验研究成果是笔者在中国科学院国家授时中心中国科学院时间频率基准重点实验室做博士后期间完成的。感谢杨剑锋先生为本书题写"判天地之美,析万物之理"。

由于水平有限,书中难免有不妥之处,敬请读者批评指正。

著　者

2019 年 4 月

目　　录

第1章
绪　　论

1.1　菲涅耳衍射

在光学中,菲涅耳衍射(Fresnel diffraction)指的是光波在近场区域的衍射。菲涅耳衍射积分式可以用来计算光波在近场区域的传播,因法国物理学者奥古斯丁·菲涅耳(Augustin‐Jean Fresnel)而命名,是基尔霍夫衍射公式的近似。从每一个光学系统特征的菲涅耳数,可以辨别光波传播的区域是近场还是远场。设想光波入射于任意孔径,对于此光学系统,菲涅耳数定义为

$$F = \frac{a^2}{L\lambda} \tag{1.1.1}$$

式中,a—— 孔径的尺寸;

　　　L—— 孔径与观察屏之间的距离;

　　　λ—— 入射波的波长。

假若 $F \geqslant 1$,则衍射波是处于近场,可以使用菲涅耳衍射积分式来计算其物理性质。假若 $F \ll 1$,则衍射波是处于远场,可以使用夫琅禾费衍射积分式来计算其物理性质。假设照射光波照射在开有孔径的不透明挡板,则会有衍射图样出现于观察屏。根据惠更斯-菲涅耳原理,从孔径内部任意点次波源 Q 发射出的圆球面次波,在观察屏点 P 的振幅为

$$E(x,y,z) = -\frac{i}{\lambda} \int_S E(x',y',0) \frac{e^{ikR}}{R} K(\chi) dx'dy' \tag{1.1.2}$$

式中, $r=r(x,y,z)$ 是点 P 的直角坐标,$r'=r(x',y',0)$ 是点 Q 的直角坐标;λ 是波长;S 是积分平面(孔径);$E(x',y',0)$ 是位于点次波源 Q 的波扰;R 是从点 Q 到点 P 的位移矢量;$K(\chi)$ 是倾斜因子;χ 是垂直于孔径平面的法矢量与 R 之间的夹角。古斯塔夫·基尔霍夫给出了倾斜因子 $K(\chi)$ 的表达式

$$K(\chi) = \frac{1}{2}(1 + \cos\chi) \tag{1.1.3}$$

除了最简单的衍射案例以外,几乎不可能找到这种积分式的解析解。通常,必须使用数值分析方法来解析此积分式。以下将用振幅矢量叠加法做近似处

理。此外,从这个最基本的衍射公式出发,可以推导出各种菲涅耳衍射的结果,例如,菲涅耳圆孔衍射、圆盘衍射、单缝衍射和直边衍射等。

1.2 菲涅耳波带片原理

1.2.1 菲涅耳半波带法

(1)波带分割原则

如图 1.2.1 所示,取波面顶点(或圆孔中心点)O 到观察场点 P 的距离为 b,以场点 P 为球心,分别以 $b+\lambda/2$、$b+\lambda$、$b+3\lambda/2$… 为半径作球面,将透过小孔的波面(或波前)截成若干环带 —— 菲涅耳半波带或菲涅耳波带(简称波带),使得相邻两个波带的边缘点到 P 点的光程差等于半个波长(相位差为 π),即

$$\overline{M_1P} - \overline{OP} = \overline{M_2P} - \overline{M_1P} = \overline{M_3P} - \overline{M_2P} = \cdots = \frac{\lambda}{2} \qquad (1.2.1)$$

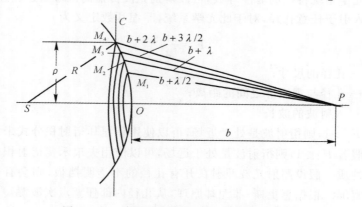

图 1.2.1 圆孔的菲涅耳衍射与波带分割原理

(2)波带的面积及半径计算

考察第 k 个波带(见图 1.2.2),设其边沿点 M_k 的高度(即环带半径)为 ρ_k,相应的垂足点 O_k 到波面顶点 O 的距离(即第 k 个波带外边沿环绕的球面的高度)为 h_k,则该波带外边沿环绕的波面的面积为

$$\Sigma_k = 2\pi R h_k \qquad (1.2.2)$$

考察直角三角形 $\triangle SM_kO_k$ 和 $\triangle PM_kO_k$,有

$$\rho_k^2 = R^2 - (R - h_k)^2 = \left(b + k\frac{\lambda}{2}\right)^2 - (b + h_k)^2 \qquad (1.2.3)$$

当 $\lambda \ll b$ 时

$$h_k = \frac{kb\lambda}{2(R+b)} \qquad (1.2.4)$$

代入式(1.2.2),得

$$\Sigma_k = k\frac{\pi Rb\lambda}{R+b} \qquad (1.2.5)$$

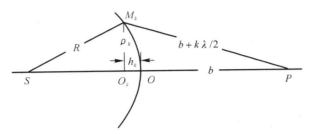

图 1.2.2　波带半径及面积计算

同样可求得第 $k-1$ 个波带的边沿环绕的波面面积

$$\Sigma_{k-1} = (k-1)\frac{\pi Rb\lambda}{R+b} \qquad (1.2.6)$$

由 $\Sigma_k - \Sigma_{k-1}$ 得第 k 个波带的面积:

$$\Delta\Sigma_k = \frac{\pi Rb\lambda}{R+b} \qquad (1.2.7)$$

考虑到 $h_k \ll R$,得第 k 个波带的半径

$$\rho_k = \sqrt{2Rh_k - h_k^2} \approx \sqrt{2Rh_k} = \sqrt{\frac{k\lambda Rb}{R+b}} \qquad (1.2.8)$$

对于半径为 ρ 的圆孔,被限制的波面可分割的波带数目

$$k = \frac{R+b}{\lambda Rb}\rho^2 = \frac{\rho^2}{\lambda}\left(\frac{1}{R} + \frac{1}{b}\right) \qquad (1.2.9)$$

总之,菲涅耳半波带具有以下特点:

1) 相邻波带的对应部分在 P 点引起的光振动相位相差 π,故在 P 点干涉相消。

2) 所有波带的面积近似相等($b \gg l$ 时),且等于

$$\Delta\Sigma_k = \frac{\pi Rb\lambda}{R+b}$$

3) 第 k 个波带的半径

$$\rho_k = \sqrt{\frac{k\lambda Rb}{R+b}}$$

4) 被圆孔限制的波面(波前)所能分割出的波带数目

$$k = \frac{\rho^2}{\lambda}\left(\frac{1}{R} + \frac{1}{b}\right)$$

(3)P 点合振动振幅大小的计算

假设同一波带上各点到 P 点的距离相等,同一波带上各面元的法线与该面元中心到 P 点连线的夹角相等,由此可以得到同一波带上各面元在 P 点产生的光振动具有相同的振幅和相位;任一波带在 P 点产生的光振动的振幅仅仅与该波带到 P 点的距离及方向角有关,即随着波带级数的增大而单调地减小,可表示为

$$A_1 > A_2 > A_3 > A_4 > \cdots > A_k > A_{k+1} \quad\quad (1.2.10)$$

相应的振动相位依次为 $\phi_0, \phi_0 + \pi, \phi_0 + 2\pi, \cdots, \phi_0 + (k-1)\pi, \phi_0 + k\pi$,由 k 个波带在 P 点引起的合振动的振幅为

$$A(P) = A_1 - A_2 + A_3 - A_4 + \cdots + (-1)^{k-1}A_k \quad\quad (1.2.11)$$

取奇数项

$$A_1 = \frac{A_1 + A_1}{2}, A_3 = \frac{A_3 + A_3}{2}, \cdots$$

及近似

$$A_2 = \frac{A_1 + A_3}{2}, A_4 = \frac{A_3 + A_5}{2}, \cdots$$

则有

$$A(P) = \begin{cases} \dfrac{A_1 + A_k}{2} & (k \text{ 为奇数}) \\[2mm] \dfrac{A_1 - A_k}{2} & (k \text{ 为偶数}) \end{cases} \quad\quad (1.2.12)$$

被圆孔限制的波面相对于场点 P 所能分割的波带数 k 的奇偶性决定了 P 点的光强度的极大或极小,k 的大小又取决于照射光的波长 λ、波面的曲率半径 R、圆孔的半径 ρ 及衍射光屏到 P 点的距离 b,如图 1.2.3 所示。

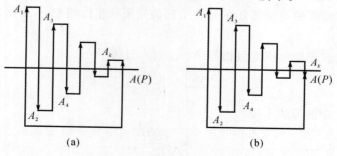

图 1.2.3　波带法中的振幅矢量

(a)k 为奇数;　(b)k 为偶数

轴上 P 点的菲涅耳衍射光强:

1) 当波面相对于 P 点刚好分为奇数个波带时,P 点的合振动振幅约等于第 1 个波带与第 k 个波带引起的振动之和的一半,即强度取极大值:

$$I = I_{\max} = \frac{(A_1 + A_k)^2}{4} \tag{1.2.13}$$

当波面相对于 P 点刚好分为偶数个波带时,P 点的合振动振幅约等于第一个波带与第 k 个波带引起的振动之差的一半,即强度取极小值

$$I = I_{\min} = \frac{(A_1 - A_k)^2}{4} \tag{1.2.14}$$

当波面相对于 P,即点不一定刚好分为整数个波带时,P 点的合振动的强度则介于极大值与极小值之间,即 $I_{\min} < I < I_{\max}$。

2) 给定 R、γ、λ,P 点的衍射光强大小随距离 b 变化,即沿轴向移动观察屏时,中心点的光强度出现亮暗交错变化。

3) 给定 b、γ、λ,P 点的衍射光强大小随波面的曲率半径大小 R 变化,即沿轴向移动光源或衍射屏时,P 点的光强度出现亮暗交错变化。

4) 给定 b、R、λ,P 点的衍射光强大小随孔的半径 ρ 变化,即 $\rho = \rho_1$ 时,$k = 1$,$A(P) = A_1 = A_{\max}$;$\rho = \rho_2$ 时,$k = 2$。$A(P) = A_1 - A_2 = A_{\min}$;$\rho = \rho_\infty$ 时,$k \to \infty$,$A(P) = \dfrac{A_1}{2}$。

1.2.2 菲涅耳波带片

从菲涅耳半波带的特征来看,对于通过波带中心并与波带面垂直的轴上的一点来说,圆孔露出的半波带的数目 k 可为奇数或偶数。如果设想制造这样的一种屏,使它对于所考察的点只让奇数半波带或只让偶数半波带透光,那么由于各半波带上相应各点到达考察点的光程差为波长的整数倍,各次波到达该点时所引起的光振动的相位相差为 2π 的整数倍,因而互相增强。使得考察点处的合振幅为

$$A(P) = \sum_k A_{2k+1}$$

或

$$A(P) = \sum_k A_{2k}$$

在这两种情况下,合成振动的振幅均为相应的各半波带在考察点所产生的振动振幅之和。这样做成的光学元件叫波带片,如图 1.2.4 所示。因此,菲涅耳波带片是将奇数或偶数的波带挡住的特殊光阑。经典的菲涅耳波带片的制作目前可

采用人工绘图,再用照相机经两次精缩的方法完成。绘图时波带片的半径按 $\rho_k=\sqrt{k\rho_1}(k=1,2,3,\cdots)$ 比例刻划,再将单数(或双数)波带涂黑,只让双数(或单数)波带开放。当平行光照明这张平面波带片时,在距离波带片为 $f=\rho_1^2/\lambda$ 处,有一个主焦点(衍射聚焦),其光强可以是自由传播光强的成百上千倍甚至以上。例如一张波带片开放底 $1,3,5\cdots,19$ 等十个单数带,按半波带法不难确定主焦点的振幅约为 $10A$,于是光强就是振幅的 100 倍。此外,在 $A/3,A/5,\cdots$ 处还有几个次焦点,注意次焦点的衍射光强与主焦点相近,略有下降是由倾斜因子所致。更有趣的是,在实焦点的镜像对称位置上还有相应的若干虚焦点。当这张波带片改用点光源照明时,聚焦点的位置也随之改变,满足关系

$$1/R + 1/b = 1/f$$

式中,R,b 分别为点源、焦点与波带片的距离。

这个公式可以称为波带片的类透镜成像公式。由此可见,一张波带片对波阵面的改造(变换)作用,相当于既有会聚透镜的作用,又有发散透镜的作用,其衍射场中的主要成分包括有一系列会聚的球面衍射波和一系列发散的球面衍射波,当然还有沿入射方向照直前进的平面波(或直接投射波)成分。此外,还可以利用全息照相法及蚀刻、涂膜的方法制作波带片。

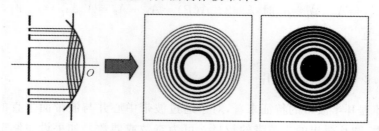

图 1.2.4　菲涅耳波带片

波带片与透镜相比具有面积大、轻便、可折叠等优点,特别适用于远程通信、光测距和宇航技术中。波带片的焦距随波长的增加而缩短,这恰巧与玻璃透镜的焦距色差相反,两者配合使用有利于消除色差。利用衍射规律有意改变波阵面,以实现人们所需要的衍射场,这是经典光学中的又一杰作。它属于振幅型黑白光学波带片。现代波带片有振幅型与相位型;有透过率函数只取 0 和 1 的黑白型与正弦型波带片。波带片不仅给惠更斯-菲涅耳原理提供了令人信服的论据,而且在声波、微波、红外和紫外线、X 射线的成像技术方面开辟了新的方向,在近代全息照相术等方面也获得了重要的应用。波带片的应用日益广泛,设计和制备各种波带片正发展为一种专门的技术。

1.3　透镜的作用

透镜具有对光束的聚焦和发散作用及成像功能,因而是最简单最重要的光学元件之一。在傅里叶光学中,薄透镜还可以作为相位变化器(附加空间二次相位)具有傅里叶变换的性质[1]。以下简单介绍透镜的作用。

在几何光学中,薄透镜对入射光束有聚焦(凸透镜)和发散(凹透镜)的作用。而从波动光学的角度来讲,薄透镜对入射光波具有相位变换作用(见图1.3.1)。

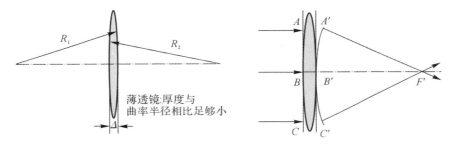

图 1.3.1　薄透镜及其相位变换作用

首先对透镜的作用做定性分析。平面波同一波阵面上不同点经过的光程不同,相位增量也不同,因此经过透镜之后,造成波阵面弯曲,形成会聚球面波。凹透镜的分析类似。薄透镜的作用相当于一个相位变换器,光波经过透镜之后,由于各处相位延迟不同造成波面形状的改变,进而改变了传播方式。

以下对透镜的作用做定量分析。如图 1.3.2 所示,将薄透镜看成一个平面,即物方主平面是像方主平面,此平面定义为 xy 平面。在 xy 平面上,(x,y) 处厚度为 $\Delta(x,y)$,中心厚度为 Δ_0,则从 $P_1 \rightarrow P_2$,任意点(x,y) 处的总相位延迟为

$$\phi(x,y) = kn\Delta(x,y) + k[\Delta_0 - \Delta(x,y)]$$

由于透镜相当于一个相位变换器,所以忽略透镜对光的吸收,有

$$t_{\mathrm{L}}(x,y) = \exp[i\phi(x,y)] = \exp[ik\Delta_0]\exp[ik(n-1)\Delta(x,y)]$$

则

$$U_1{'}(x,y) = U_1{'}(x,y)t_{\mathrm{L}}(x,y)$$

对厚度 $\Delta(x,y)$ 做一个近轴近似

图 1.3.2　透镜的厚度函数

$$\Delta(x,y) = \Delta_0 - \frac{x^2 + y^2}{2}\left(\frac{1}{R_1} - \frac{1}{R_2}\right)$$

则有

$$t_L(x,y) = \exp(ikn\Delta_0)\exp\left[-ik(n-1)\frac{x^2+y^2}{2}\left(\frac{1}{R_1} - \frac{1}{R_2}\right)\right]$$

根据透镜成像公式,有

$$\frac{1}{f} = (n-1)\left(\frac{1}{R_1} - \frac{1}{R_2}\right)$$

这样得到

$$t_L(x,y) = \exp(ikn\Delta_0)\exp\left[-i\frac{k}{2f}(x^2+y^2)\right] \tag{1.3.1}$$

其中,第一个指数项为常数相位因子,与坐标位置(x,y)无关,研究具体问题时可以略去;第二个指数项则表示光波经过透镜后发生相位变换,附加了一个与坐标有关的二次相位因子。 透镜对入射光场的相位变换效应简化表达式见式(1.3.2)。

$$t_L(x,y) = \exp\left[-i\frac{k}{2f}(x^2+y^2)\right] \tag{1.3.2}$$

该式与入射波无关,与透镜无关。因此,透镜具有相位变换功能。从根本上讲,是透镜本身的厚度变化,使得入射光波在通过透镜的不同部位时,经过的光程不同,即所受的时间延迟不同。在不同位置,相对来说,有的超前,有的滞后。在这一点上,透镜的作用类似于相位物体,因而能够在入射波前施加空间相位调制。考虑单位振幅的单色平面波垂直入射,则

$$U_1'(x,y) = t_L(x,y) = \exp\left[-i\frac{k}{2f}(x^2+y^2)\right] = \exp\left[i\frac{k}{2(-f)}(x^2+y^2)\right] \tag{1.3.3}$$

对比发散球面波复振幅分布

$$U(x,y) = t_L(x,y) = \frac{a_0}{z}\exp(ikz)\exp\left[i\frac{k}{2z}(x^2+y^2)\right] \tag{1.3.4}$$

可以看到,式(1.3.4)中z与式(1.3.3)中$(-f)$相对应。由此可得,$f>0$,为正透镜,对应汇聚的球面波;$f<0$,为负透镜,对应发散的球面波。如图1.3.3所示。如果对光振动的复振幅透过率可以用式(1.3.2)表示,则作用就相当于一个焦距为f的透镜。

傅里叶光学中,通过全息照相的方法可以获得含有式(1.3.4)形式透过率的透明片-全息透镜。此外,在傅里叶光学中,透镜具有傅立叶变换的性质。在一定条件下,一块简单的透镜可以完成傅立叶变换这样的复杂运算。

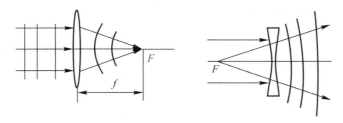

图 1.3.3 正透镜和负透镜相位变换作用

在傅里叶光学中,菲涅耳波带片的复振幅透过率可以表示为[1]

$$t(r) = \frac{1}{2}\left[1 + \mathrm{sgn}(\cos\alpha r^2)\right]\mathrm{circ}\left(\frac{r}{l}\right) \tag{1.3.5}$$

其中,sgn 为符号函数,circ 为圆域函数。$t(r)$ 的分布如图 1.3.4 所示。 式(1.3.5)在直角坐标中用傅里叶级数表示为

$$t(x,y) = \mathrm{circ}\left(\frac{\sqrt{x^2 + y^2}}{l}\right)\sum_{n=-\infty}^{+\infty}\left[\frac{\sin(n\pi/2)}{n\pi}\right]\mathrm{e}^{\mathrm{i}n\alpha(x^2+y^2)} \tag{1.3.6}$$

可以看到,式(1.3.6)中的指数因子类似于式(1.3.2)中透镜的相位变换因子,于是有

$$f_n = -\frac{k}{2n\alpha} = -\frac{\pi}{n\alpha\lambda} \quad (n = \pm 1, \pm 3, \pm 5, \cdots) \tag{1.3.7}$$

因此,具有菲涅耳波带片复振幅透过率的衍射屏作用相当于一个具有多重焦距的透镜,焦距由式(1.3.5)确定。

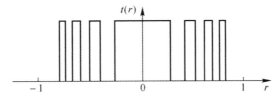

图 1.3.4 菲涅耳波带片的复振幅透过率的分布

1.4 菲涅耳透镜

菲涅耳透镜工作原理十分简单:假设一个透镜的折射能量仅仅发生在光学表面,那么拿掉尽可能多的光学材料,仅保留表面的弯曲度即可,如图 1.4.1 所示。另外一种理解就是,透镜连续表面部分“坍陷”到一个平面上。从剖面看,其表面由一系列锯齿型凹槽组成,中心部分是椭圆形弧线。每个凹槽都与相邻凹

槽之间角度不同,但都将光线集中在一处,形成中心焦点,也就是透镜的焦点。每个凹槽都可以看作一个独立的小透镜,把光线调整成平行光或聚光。这种透镜还能够消除部分球形像差。菲涅耳透镜现阶段主要应用领域包括投影以及太阳能光伏领域。因为菲涅耳透镜射出的光线边缘较为柔和,所以它常用在染色灯上。可在透镜前方的支架上放置一块有颜色的塑料膜给光线染色,也可放置金属纱网或磨砂塑料使光线弥散。许多含有菲涅耳透镜的设备都允许灯在焦点前后移动,以放大或缩小光束的大小,其非常适合在透镜式投影仪、背投电视、幻灯机以及准直器上使用,不仅因为透过它的光线比透过普通透镜的亮度高,也由于透过它的整束光线在各个部位的亮度都相对一致。在太阳能光伏领域,菲涅耳主要作为聚光光伏系统中的聚光部件,将光线从相对较大的区域面积转换到相对小的面积上。廉价的菲涅耳透镜一般由透明塑料压铸或模塑而成,可以在尺寸做得比玻璃大的同时更轻、更经济。因此,大型的菲涅耳透镜也被广泛用在太阳灶聚集阳光或是太阳能热水器上。除此之外,菲涅耳透镜也广泛应用在汽车前灯、尾灯以及倒车灯上。它能使汽车大灯最初由凹面镜反射出来的平行光向下倾斜,因此,菲涅耳透镜也用于校正一些视觉障碍,比如斜视。

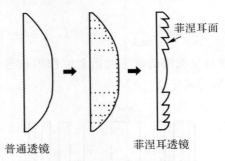

图 1.4.1　菲涅耳透镜形成过程

　　菲涅耳透镜是一种应用十分广泛的光学元件,其设计和制造涉及多个技术领域,包括光学工程、高分子材料工程、CNC 机械加工、金刚石车削工艺、镀镍工艺以及模压、注塑和浇铸等制造工艺。菲涅耳透镜还应用于多个领域,包括投影显示(如菲涅耳投影电视,背投菲涅耳屏幕,高射投影仪,准直器)、聚光聚能(如太阳能用菲涅耳透镜,摄影用菲涅耳聚光灯,菲涅耳放大镜)、航空航海(如灯塔用菲涅耳透镜,菲涅耳飞行模拟;科技研究如激光检测系统等)、红外探测(如无源移动探测器、照明光学(如汽车头灯,交通标志,光学着陆系统)、智能家居(如安防系统探测器)等。

1.5　空间-时间(频率)对偶性

由于有些物理规律的相似性,很多经典光学中空间域技术在一定条件下可以拓展到时域和频域。这种类比被称为空间-时间(频率)对偶性[The space-time (frequency) duality][2-3]。这种对偶性来源于电磁束的衍射和电磁脉冲色散传输的类比。这种类比早在50年前就已经被人提出[4-8],如今已被广泛应用于超快光信号处理等各个领域并对相关领域的发展起到了积极的推动作用[9]。在一维各项同性介质中,一振幅为A的单色波束经衍射的动力学可以用下列微分方程来描述:

$$\frac{\partial A}{\partial z} = \frac{\mathrm{i}}{2k}\frac{\partial^2 A}{\partial x^2} \tag{1.5.1}$$

其中,z为波束的传输轴,k是传输常数。与式(1.5.1)类似,振幅为A的脉冲在色散介质中的一维传输方程为

$$\frac{\partial A}{\partial z} = -\frac{\mathrm{i}\beta_2}{2}\frac{\partial^2 A}{\partial \tau^2} \tag{1.5.2}$$

其中,z为色散介质中的传输轴,$\tau = t - z/v_g$是延迟时间。v_g是群速度,$\beta_2 = \mathrm{d}^2 k/\mathrm{d}\omega^2$,为群速度色散(GVM)。方程(1.5.1)和方程(1.5.2)在数学上是等价的。需要说明的是,这两个方程都代表了波动方程的近似形式。用在方程(1.5.1)中的傍轴近似假设了场振幅$A(x,z)$以波长的尺寸随z缓慢变化,而方程(1.5.2)的推导利用了慢变化振幅近似,即假设$A(\tau,z)$以一个光学周期的尺寸随z缓慢变化。

光波形的时域动力学和光束的空间演化间的对偶性就是基于以上两个方程的等价性。具体来说,决定色散介质中一个波束衍射程度的传输距离类似于总的群延迟色散(GDD),D_2(定义为GVD参数β_2和色散介质中传输距离z的乘积)。衍射和色散算符可以通过考虑在各自傅里叶域场的效应获得最好的理解。衍射算符在k-空间给场附加了一个二次相位移动ϕ,则

$$\phi(k_x) = -\frac{k_x^2 z}{2k} \tag{1.5.3}$$

其中,k_x是波束的横向波数。该相位代表了光束在x方向的色散程度。类似地,频域的色散算符会给光场附加一个二次光谱相位,相位移动如下:

$$\phi(\Omega) = \frac{\beta_2 \Omega^2 z}{2} = \frac{D_2 \Omega^2}{2} \tag{1.5.4}$$

其中,Ω为基带角频率。

此外,由方程(1.5.3)的衍射算符定义的系统脉冲响应(impulse response)

可以表示如下：

$$h(x) = h_S \exp\left(\frac{\mathrm{i}\pi}{\lambda z} x^2\right) \tag{1.5.5}$$

其中，h_S 是依赖于传输距离 z 的一个常数。脉冲响应包含了一个相对于空间参数 x 的一个二次相位移动。一个焦距为 f 的无像差的薄透镜对入射的光场会附加一个相对于横向参数 x 的二次相位移动

$$\phi(x) = -\frac{kx^2}{2f} \tag{1.5.6}$$

即为方程（1.3.2）中的相位。

现在考虑一个高度约束的波束在空间的衍射，如图 1.5.1(a) 所示。若波束传输经历一个足够长的距离后，电场的相位可以通过方程（1.5.1）中的脉冲响应的相位来近似。通过在衍射波束前放置一个焦距 $f = z$ 的薄透镜，二次相位移动会被取消，从而将输出一个单一空间相位的准直波束。

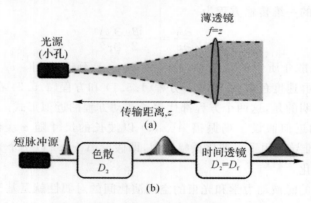

图 1.5.1　光束空间准直的时域类比

（a）光束空间的衍射及其通过透镜的准直；　（b）短脉冲在色散介质中的传输

类似的行为也发生在超短脉冲在长色散介质中传输时。图1.5.1(b) 通过演示短脉冲在色散介质（如长光纤）中的传输展示了这种类比。方程（1.5.4）中色散算符的脉冲响应由下式给出[10]：

$$h_T(\tau) = h_T \exp\left(-\frac{\mathrm{i}\tau^2}{2D_2}\right) \tag{1.5.7}$$

其中，h_T 是依赖于 D_2 的常数。如果短脉冲经过一个足够大的色散后，其电场相位可用上式脉冲响应给出的二次相位来近似。类似于空间情况，通过薄透镜的时域类比，可以定义一个时域透镜[11]，它可以给输入信号施加一个二次变化的相位移动，即

$$\phi(\tau) = \frac{\tau^2}{2D_f} \tag{1.5.8}$$

其中,D_f 是时间透镜焦点的 GDD。方程(1.5.7)和方程(1.5.8)说明,如果时间透镜放置在一个远离短输入脉冲($D_2 = D_f$)的焦点 GDD 处,累加在色散脉冲上的二次相位会被所用的时间透镜取消掉。这样便会产生一个持续时间很长的变换受限脉冲,这种情况等效于产生了空间的准直光束。与准直光束具有小发散角类似,输出的脉冲比起初的输入脉冲有着更小的带宽。

通过与空间成像的类比,可以将上述讨论的简单分析拓展到时域成像的更广泛的范围。类似地,也可以定义空间-频率对偶性。在频域的色散算符函数等价于在空间域的空间透镜算符函数。

1.6 研究背景和意义

通过类比经典光学中的空间效应,一定条件下可以将其推广到与这些效应相关的在时域和频域的物理过程中。其中典型的例子就是将透镜的空间性质,包括对光束的聚焦、发散、相位变换作用及其傅里叶变换性质推广到时域[12-14]或频域[2,15-17]相关的物理过程中。这些空间-时间(频率)对偶性已被广泛应用于量子聚焦、光谱压缩、时域成像及超高速光信号处理等多个领域。

1992 年,Broers 等人[12]基于双光子吸收(Two-Photo Absorpotion,TPA)与单缝菲涅耳衍射的类比设计了一个菲涅耳波带片,从而实验验证了双光子光谱能量在铷原子中的聚焦及非线性晶体二次谐波产生的光谱压缩。这就是通过振幅调制泵浦脉冲在频域制备了菲涅耳波带片出现的在频域的类透镜聚焦效应。利用菲涅耳波带片的类透镜效应可以拓宽聚焦光波的波长,甚至可以实现对 X 射线[18]、慢质子束[19]及原子等的聚焦[20]。研究发现,这种菲涅耳类透镜效应还可以拓展到时域[17]。

本书中频率菲涅耳类透镜效应所涉及的物理过程有双光子吸收和二次谐波的产生,时域菲涅耳类透镜效应所涉及的物理过程有啁啾纠缠光子对的时域压缩和啁啾光脉冲压缩。各物理过程的研究背景及意义如下。

(1)非共振双光子吸收的量子聚焦及相干控制

量子相干控制的目的是通过操控量子干涉得到人们所期望的最终量子态。其基本思想是通过操纵激发光场相干特性从而保留或去除量子干涉中各通道间干涉相长或干涉相消的部分,获得所需要的量子态而去除不需要的量子态。传统的相干控制方法是利用脉冲对激发并调节脉冲对间的时间延迟来实现。目前,实现量子控制最普遍使用的方法是利用脉冲整形技术。Meshulach 和

Silberberg 利用脉冲整形技术在铯原子中首先试验实现了对非共振双光子吸收的量子相干控制。随后,Dayan 等人在铷原子中利用宽带下转换光实验实现了双光子吸收的量子相干控制。对于分子系统中的非共振双光子跃迁的相干控制问题也已经有很多理论和试验研究。这些量子相干控制方法在非线性光谱学和显微镜学方面有重要的应用,除了起初对分子和原子系统的相干控制外,如今已扩展到半导体、纳米等离子等结构中。在弱场机制下,量子控制由量子干涉所主导。因此,为了获得选择性多光子激发,有必要找到一种恰当的方法来裁剪激发脉冲,从而在设想的路径诱发相长干涉而在其他路径诱发相消干涉。对于多光子过程,可以通过利用多光子脉冲内干涉(Multiphoton - Intrapulse Interference,MII)的方法实现。该方法只需要对激发脉冲实施相位调制即可,如二元相位整形(Binary Phase Shaping,BPS)。此外,对双光子光谱聚焦问题也有了量化的理论与试验研究。Broers 等人基于双光子吸收与单缝菲涅耳衍射的类比设计了一个菲涅耳波带片,从而试验验证了双光子光谱能量在铷原子中的聚焦。然而,试验发现,中心频率附近出现了较大的背景。可见,其聚焦结果并不完美。是什么原因造成聚焦结果的不完美?能否找到一种更好的聚焦方法从而实现完美聚焦呢?通过研究啁啾脉冲作用下非共振双光子吸收过程发现,利用菲涅耳二元脉冲整形方案制备菲涅耳类透镜可以实现双光子信号的量子聚焦,这些研究在选择性双光子显微(selective two - photon microscopy)及光谱学(spectroscopy)中有潜在的应用价值。

(2)二次谐波产生的光谱压缩

二次谐波产生(Second Harmonic Generation,SHG)过程是最早开始研究的二阶非线性光学现象之一,其研究历史可追溯到 1961 年。在此过程中,角频率为 ω 的基波光波(fundamental optical wave)入射到一非线性介质后,介质的二阶非线性极化产生了角频率为 2ω 的二次谐波(Second Harmonic,SH)(又称倍频波)。通常只有在基波和二次谐波相速度匹配时,才会得到有效的二次谐波信号。然而,由于相速度色散的客观存在,基波和二次谐波间的相位匹配条件一般不能满足,得到的二次谐波信号的效率很低。为了弥补这种相速度色散,可以用基于材料双折射的传统相位匹配技术来提高非线性转换效率。特别是准相位匹配技术(QPM)出现后,可以通过周期性调节材料的非线性系数来弥补材料中的相位失配,从而大大提高非线性转换效率。此外,高峰值功率的超短激光脉冲通常用于二次谐波产生过程来增强转换效率。但是因其所具有宽带的频率带宽限制了所得信号的光谱精度。1992 年,Broers 等人基于与菲涅耳单缝衍射的类比,利用二元光谱振幅调制首次试验展示了二次谐波的光谱压缩。之后,Zheng 和 Weiner 经过研究发现,在大的群速度失配(Group Velocity Mismatch,GVM)

条件下,二次谐波产生过程非常类似于双光子吸收(TPA)过程。此外,他们借用通信技术中的二元编码脉冲实验展示了二次谐波产生过程的相干控制并获得了高对比率的二次谐波信号。2007 年,Wnuk 和 Radzewicz 利用 π 阶跃相位调制技术实验演示了对二次谐波产生过程的相干控制,这一技术之前已被用于由 Meshulach 和 Silberberg 提出的著名的双光子吸收的量子相干控制实验中。因此,二次谐波产生过程可以借用量子力学中相干控制的方法通过调节各种干涉通道使其获得相长干涉或相消干涉来操控。二次谐波的高效率和易于执行等优点为研究相干控制提供了一种更好的方法。而量子相干控制已经利用脉冲整形技术在理论和实验上有了大量的研究,并已被广泛应用在非线性光谱(spectroscopy)及显微(microscopy)以及用来操纵原子、分子、半导体和纳米结构中的物理和化学过程。而之前的研究主要关注于在某一频率处最大化信号而没有将其他频率处的信号最小化。提高非线性光谱测量精度的关键是要找到一种恰当的裁剪基波脉冲的方法,以在设想频率处产生强信号而压缩其他频率处的背景信号。Dantus 及其合作者已经报道了多光子过程的各种相干控制,他们仅采用相位调制来实现这些目标,这种方法被称为多光子脉冲内干涉。此外,他们基于主数(primary numbers)和优化算法(optimization algorithm)发展了一种新的用于提升选择性激发的方法,即二元相位整形,并通过实验获得了更优的结果和效率。二元相位整形仅需要设置 0 和 π 这两相位值,这样就可以将每对光子的贡献值分别限制在 0(最小值)和 1(最大值)两个值,因而提供了一种简单有效地压缩背景信号的方法。利用量子力学中相干控制的方法来研究厚晶体中的二次谐波产生过程是对相干控制方法的拓展应用;反过来,由于二次谐波产生实验中更容易实现,因而可以通过研究二次谐波产生过程更好的研究相干控制方法。此外,由于光谱的宽度决定了光谱测量的精度,要提高测量精度就需要超窄超精细的光谱。因此,对二次谐波光谱压缩的研究可以用在高精度非线性光谱、显微及信息编码等领域。

(3)啁啾纠缠光子对的时域压缩

许多非经典的应用要求纠缠光源具有宽带的带宽。各种产生这种宽带纠缠光源的方法已经提出并实验实现。另外一种广泛采用的方法是利用一个啁啾准相位匹配非线性晶体通过自发参量下转换(SPDC)过程来产生超宽带的纠缠光子对。这种光子对被称为啁啾纠缠光子对(chirped biphotons)。这些双光子能获得超窄的 Hong-Ou-Mandel(HOM)量子干涉结果,在高精度量子相干层析、大带宽量子信息处理等领域有重要的应用。然而,宽带纠缠光子对并不意味着其关联时间(纠缠时间)很短,尽管这个逆过程是正确的。由于伴随着二次相位因子的存在,以这种方式产生的时域双光子波包不是因傅里叶变换受限

(Transformed‐Limited，TL)的，因而尽管双光子的谱很宽，但其关联时间并不是很短。这种情况类似于脉冲形状和它的谱宽的关系，即一个宽带的啁啾脉冲时域时间并不是很短，而一个时域短脉冲一般对应着宽带的谱。为了提高啁啾纠缠光子对的时间关联，很多研究小组已针对这一科学问题展开研究。目前，这方面研究主要由美国斯坦福大学的 Harris 小组、意大利国家计量院 Brida、俄罗斯莫斯科大学的 Shumilkina 小组及日本 Takeuchi 研究小组展开。国内暂时还没有与这方面相关的研究报道。其中，Harris 曾提出一种利用相位补偿满足傅里叶变换极限，从而实现啁啾纠缠光子对的时域压缩的方案。后来，Brida 等通过利用光纤的色散补偿方法实现了啁啾纠缠光子对波包的时域压缩。而日本Takeuchi 研究小组根据 Harris 相位补偿思想，利用一个棱镜对实现了压缩目标。压缩后的超短双光子波包（甚至可以获得单个光学周期的双光子，关联时间达到飞秒量级）具有极强的时间关联特性，在诸如量子度量衡、量子平板印刷、非经典光的双光子吸收、量子时钟同步等领域有潜在的应用价值。然而，上述方案存在以下局限性：①双光子关联时间及其演化强烈地依赖于色散介质（如光纤）的长度，只有在特定长度位置才能完美压缩双光子；②色散介质中的高阶色散项会降低压缩的效果；③双光子在介质中传输时会出现信号损耗。因此，针对这些问题，如何提出新的理论来解决这一问题，同时又能避免上述缺陷，已成为推广啁啾纠缠光子对应用时必须要解决的科学问题。这些研究为实现超宽带超短时间关联的纠缠光源及纠缠光子对整形与编码提供了理论依据。

（4）啁啾光脉冲压缩

脉冲压缩是产生超短激光脉冲的关键，而高时间分辨率的探测技术则依赖于超短脉冲技术的发展。从 20 世纪 70 年代开始，就不断有人研究脉冲压缩技术。过去的几十年中，脉冲压缩技术的发展带动激光科学朝着最短脉冲快速发展，脉冲宽度已经从纳秒、皮秒发展到现在的飞秒量级。超快过程的研究需要更短的超短脉冲，目前超短脉冲技术正在朝着具有几个光学周期的脉冲持续时间甚至更短的阿秒脉冲迈进。当激光脉冲在空气或其他介质中传输时，由正群速度色散引起的相位移动导致最初的变换受限脉冲被拓宽。为了补偿这种色散的影响，可以利用光栅对、棱镜对或啁啾镜在频域使光谱中所有频率分量的相位均一化以压缩脉冲。此外，还可以通过在时域的方法压缩脉冲，例如利用时域优化的啁啾多层镜的设计、基于液晶空间光调制器的脉冲整形方法、可编程声光色散滤波器、啁啾光纤布拉格光栅（CFBGs）、Gires‐Tournois 干涉仪、反馈环路方案和时间延迟干涉等。然而，对于这些方法中的大部分而言，都要让光通过材料来传输，因而损耗了光子能量，并限制了其所能压缩的带宽及压缩效率。如今，脉冲整形器件集成化、简单化，从而提供了一种紧凑易操作的脉冲压缩方法。美国斯坦福大学的 Fejer 小组利用啁啾准相位匹配晶体中的超短二次谐波产生过程,将啁啾基波脉冲压缩获得了接近傅里叶变换受限的超短二次谐波脉冲。但这些方案都会降低入射脉冲的光子能量,且其中好多方案结构较复杂,不容易实验实现。此外,对于能量在几百焦甚至几千焦范围的大能量脉冲,其用来做脉冲压缩的光栅需要在真空室精确校准且面积将超过 $1m^2$,从而导致制作成本非常高。因此,有必要通过研究来找到一种简单紧凑易实验实现的低成本脉冲压缩方法。这些研究对于超短脉冲相关的应用及超快光学等领域具有重要意义。

1.7　本书主要研究内容及结构

本书主要基于菲涅耳二元脉冲整形技术,通过制作频域或时域菲涅耳类透镜,研究与其应用相关的物理过程。第1章和第2章介绍了透镜的作用、菲涅耳波带片、空间-时间(频率)对偶性、脉冲整形原理及技术等基础知识及书中内容的研究背景及意义。其他各章为具体的研究内容,①频域菲涅耳类透镜效应:包括非共振双光子吸收过程中的量子聚焦与相干控制,二次谐波产生的光谱压缩与调制;②时域菲涅耳类透镜效应:包括啁啾纠缠光子对的压缩及啁啾光脉冲压缩。

在非共振双光子吸收过程中的量子聚焦与相干控制方面的主要工作如下:

1)将双光子过程与菲涅耳衍射进行了类比,发现双光子波函数的在频域的演化类似于宽缝的菲涅耳衍射行为。

2)通过控制激发脉冲初相位,即可改变波函数的实部和虚部的比例关系即原子极化过程的色散与吸收的关系,从而达到对原子极化过程的操控作用。

3)针对 Broers 对双光子光谱聚焦背景大这一缺陷,基于双光子跃迁概率的极值条件提出了一种改进的二元脉冲裁剪方案,由于该方案能够提供激发脉冲频率分量间的更精确的相位关系,所以所得聚焦信号的背景更小,中心信号强度更大。详见第3章。

在二次谐波产生的光谱压缩方面,主要工作如下:

1)借用量子力学中的相干控制方法研究了二次谐波产生过程,比较了薄晶体和厚晶体两种情况下超短脉冲泵浦的二次谐波产生过程。发现厚晶体中二次谐波产生过程可以利用调制各通道间干涉的方式进行相干控制。

2)利用菲涅耳二元脉冲整形对基波脉冲内不同频率分量间的相位关系进行整形裁剪,从而得到了完美压缩的窄带底背景二次谐波光谱。

3)将二次谐波光谱压缩理论拓展到对任意具有对称性的傅里叶变换受限基频脉冲均适用并利用高斯型变换受限脉冲进行了实验验证。详见第4章。

在啁啾纠缠光子对的时域压缩方面,主要工作有:

1)介绍了啁啾纠缠光子对的产生方法及其物理机理,研究了啁啾纠缠光子对相干特性及其时间关联特性。

2)介绍了已有的用来产生和压缩啁啾纠缠光子对的方法、实验进展及这些方法的优缺点。

3)基于菲涅耳二元脉冲整形,提出了一种能克服色散补偿方案局限性在时域压缩纠缠光子对的新方法(详见第5章)。

在啁啾超短光脉冲压缩方面,主要工作如下:

1)介绍了超短脉冲压缩的基本原理和方法,超短脉冲光谱展宽方法及超短脉冲色散补偿技术。

2)利用提出的菲涅耳二元相位整形方案实现了啁啾光脉冲压缩的新方法(详见第6章)。

参 考 文 献

[1] 吕乃光.傅里叶光学[M].北京:机械工业出版社,2016.

[2] KOLONER B. Space – time duality and the theory of temporal imaging [J]. IEEE Journal of Quantum Electronics, 1994, 30(8):1951 – 1963.

[3] SALEM R, FOSTER M A, GAETA A L. Application of space – time duality to ultrahigh – speed optical signal processing[J]. Advances in Optics and Photonics, 2013, 5(3):274 – 317.

[4] TOURNOIS P. Analogie optique de la compression d'impulsion[J]. C R Acad Sci, 1964,258:3839 – 3842.

[5] TOURNOIS P, VERNET J L, BIENVENU G. Sur l'analogie optique de certains montages électroniques:formation d'images temporelles de signaux électriques[J]. C R Acad Sci, 1968, 267:375 – 378.

[6] CAPUTI W J. Stretch:a time – transformation Technique[J]. IEEE Transactions on Aerospace Electronic Systems, 1971, 7(2):269 – 278.

[7] AKHMANOV A S, SUKHORUKOV P A, CHIRKIN S A, et al. Nonstationary phenomena and space – time analogy in nonlinear optics [J]. Soviet Physics Jetp Ussr, 1969, 28(4):748.

[8] TREACY E. Optical pulse compression with diffraction gratings[J]. IEEE Journal of Quantum Electronics, 1969, 5(9):454 – 458.

[9] Victor Torres – Company, JEÚ S L, PEDRO A. Progress in optics

Volume 56 (chapter 1 - space - time analogies in optics) [M]. Amsterdam:Elsevier,2011.

[10] AZAÑA J, MURIEL M A. Real - time optical spectrum analysis based on the time - space duality in chirped fiber gratings[J]. IEEE Journal of Quantum Electronics, 2000, 36(5):517 - 526.

[11] KOLNER B H, NAZARATHY M. Temporal imaging with a time lens [J]. Optics letters, 1989, 14(12):630 - 632.

[12] BROERS B, NOORDAM L D, VAN DEN HEUVELL H B L. Diffraction and focusing of spectral energy in multiphoton processes[J]. Physical Review A, 1992, 46(5):2749.

[13] LORGERË I, LE GOUÄT J L. Fresnel diffraction on the edge of causality[J]. Optics letters, 2000, 25(18):1316 - 1318.

[14] MÉNAGER L, LE GOUËT J L, LORGERÉ I. Time - to - frequency Fourier transformation with photon echoes[J]. Optics letters, 2001, 26 (18):1397 - 1399.

[15] BENNETT C V, SCOTT R P, KOLNER B H. Temporal magnification and reversal of 100 Gb/s optical data with an up - conversion time microscope [J]. Applied physics letters, 1994, 65(20):2513 - 2515.

[16] Bennett C V, Kolner B H. Upconversion time microscope demonstrating $103\times$ magnification of femtosecond waveforms[J]. Optics letters, 1999, 24(11): 783 - 785.

[17] DEGERT J, WOHLLEBEN W, CHATEL B, et al. Realization of a time - domain Fresnel lens with coherent control[J]. Physical review letters, 2002, 89(20):203003.

[18] SCHMAHL G. and Rudolph D. X - ray Microscopy[M]. Berlin, German:Springer Series in Optical Sciences Volume 43, 1984.

[19] KEARNEY P D, KLEIN A G, OPAT G I, et al. Imaging and focussing of neutrons by a zone plate[J]. Nature,1980,287:313.

[20] CARNAL O, SIGEL M, SLEATOR T, et al. Imaging and focusing of atoms by a Fresnel zone plate[J]. Physical review letters, 1991, 67 (23):3231.

第 2 章
脉冲整形技术

飞秒脉冲由于其极短持续时间、超高峰值功率和大光谱带宽等特性被应用于多个领域。1981 年，随着碰撞脉冲锁模（CPM）的环形燃料激光器的发明[1]，首次产生了低于 100 fs 的光脉冲。尽管每个脉冲的相对能量较低，但其超短脉冲持续时间使得其峰值功率对应非线性脉冲压缩来说是足够大的，并在可见光范围的 6 fs 脉冲达到峰值顶点。随着固态增益介质的使用，在激光技术、激光二极管泵浦、光纤激光器方面的最新进展导致出现了简单可靠的超短激光震荡器，其脉冲持续时间从几皮秒降低到 5 fs。要应用这些超短脉冲就需要控制它们的时间形状。材料的色散和光学设备已被用来压缩、拓宽或复制脉冲。通过经典光学设备对于控制脉冲时间形状的局限性导致了脉冲整形器的发展。采用线性滤波器这种设备能够实现对光谱振幅和相位的独立控制从而完全控制脉冲的时间形状和相位。由于这些脉冲的极短持续时间，这样的控制无法直接通过时间调制器获得，而是靠在频域来操作完成的。因此，目前广泛采用的脉冲整形方法是通过空间遮挡分散在空间的光频谱这种方式来实现脉冲整形。特别是利用计算机控制的可编程的液晶空间光调制器（SLM），通过这一技术操纵单个脉冲光谱相位、振幅和偏振可以得到几乎任意形状的超短脉冲[2-4]。脉冲整形技术已广泛应用于超快科学技术中，如单个光学周期的脉冲压缩、光纤光通信色散补偿、量子力学过程的相干激光控制、光谱选择性非线性显微、射频光子学（Radio-frequency photonics）[4]等。

2.1　超短脉冲光场的数学表示

光场是由时域相位和振幅或光谱相位和振幅决定的。超短脉冲意味着其对应着大的光谱带宽。这种光场的一般表示为

$$E(t) = \varepsilon(t)\exp(i\omega_0 t) \tag{2.1.1}$$

其中，$\varepsilon(t)$ 表示复电场包络，ω_0 为中心角频率。例如 $\varepsilon(t) = |\varepsilon(t)|\exp[i\zeta(t)]$，其中 $|\varepsilon(t)|$ 为光场的振幅包络，$\phi(t)$ 是与时间有关的相位函数。光谱或光谱功率密度 $\tilde{I}(\omega)$ 是光谱振幅 $A(\omega)$ 的模方：$\tilde{I} = |A(\omega)|^2$。其对应的时间强度等于

时域振幅模的二次方：$I(t)=|\varepsilon(t)|^2$。定义归一化的场为

$$\frac{1}{N}\int_{-\infty}^{+\infty}|\widetilde{E}(\omega)|^2\frac{d\omega}{2\pi}=\frac{1}{N}\int_{-\infty}^{+\infty}|E(t)|^2dt=1 \qquad (2.1.2)$$

脉冲中心定义为

$$t_0=\frac{1}{N}\int_{-\infty}^{+\infty}t|E(t)|^2dt \qquad (2.1.3)$$

中心角频率为

$$\omega_0=\frac{1}{N}\int_{-\infty}^{+\infty}\omega|\widetilde{E}(\omega)|^2\frac{d\omega}{2\pi} \qquad (2.1.4)$$

为了分析光谱相位的不同效应，将光谱相位用泰勒级数展开，

$$\widetilde{\phi}(\omega)=\widetilde{\phi}(\omega_0)+\widetilde{\phi}^{(1)}(\omega_0)(\omega-\omega_0)+\frac{\widetilde{\phi}^{(2)}(\omega_0)}{2!}(\omega-\omega_0)^2+\frac{\widetilde{\phi}^{(3)}(\omega_0)}{3!}(\omega-\omega_0)^3\cdots$$

$$(2.1.5)$$

其中的一阶相位项对应着时间延迟，二阶项与时间是线性关系，因而传输时拓宽了时域脉冲。三阶项在主脉冲周围引入了前脉冲或后脉冲。脉冲的时间强度可以通过仅仅改变相位来调节，但要实现完全控制，就需要同时对光谱相位和振幅两者进行整形。

式(2.1.1)描述的是时域当中的电场形式，若要对激光场进行相位调制，必须利用傅里叶变换将时域中的电场变换到频域，并将其在频域展开后进行。

根据光脉冲$f(t)$与其频谱$F(\omega)$间的傅里叶变换关系，有

$$\left.\begin{array}{l}F(\omega)=\frac{1}{\sqrt{2\pi}}\int_{-\infty}^{+\infty}f(t)\exp(-i\omega t)dt\\[2mm]f(t)=\frac{1}{\sqrt{2\pi}}\int_{-\infty}^{+\infty}F(\omega)\exp(i\omega t)d\omega\end{array}\right\} \qquad (2.1.6)$$

利用式(2.1.6)把时域中的光电场变换到频域，就可以对激光脉冲同时进行相位和振幅的整形与调制。

2.2 脉冲整形装置

在激光脉冲在频域被展开后，对其进行调制和整形的实验方法有很多种，常用的实验装置如图2.2.1所示。它由以下器件组成，由左到右分别为光栅、透镜、调制器阵列、透镜、光栅，这些光学器件组成的一个$4f$系统。

本书选择的激光整形的实验装置就是这样的一个$4f$系统，在这个系统当中，激光脉冲在傅里叶平面内通过调制器阵列中空间分布的掩膜（mask）进行调整输出后就可以得到理论期望的各种整形脉冲。一束激光（假设为高斯脉冲）入

射到这个 $4f$ 系统,首先被 $4f$ 系统中的第一个光栅在第一个透镜的焦点处进行空间展开;展开后的光束通过第一个透镜时对激光束进行了傅里叶变换,之后输出平行光;然后到达调制器阵列处,这时平行光束的相位、振幅或偏振被调制;调制后的平行光束继续通过第二个透镜后经傅里叶变换变换到时域,并被聚焦于第二个相同的光栅上;这样出射的激光束就是被整形后的时域的脉冲了,其整形的脉冲形状由施加在光谱中的掩膜分布经傅里叶变换得到。脉冲整形用的掩膜最开始是用显影光刻图案技术(microlithographic patterning techniques),之后利用可编程空间光调制器(SLM)、声光调制器、全息掩膜、可变形镜及微镜阵列来实现掩膜。现在最常用的是可编程液晶空间光调制器(LC‐SLM),利用它可以独立地同时控制相位和振幅。实际中,尽管整形脉冲要求同时调制振幅和相位,但光谱相位是影响脉冲整形结果最重要的因素。

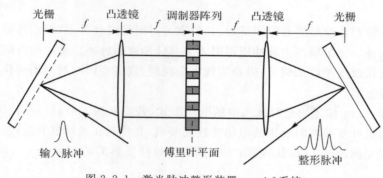

图 2.2.1　激光脉冲整形装置——$4f$ 系统

2.3　整形原理及整形结果举例

2.3.1　整形原理

首先给出频率依赖延迟 $\tau(\omega)$ 和频率依赖的相位 $\phi(\omega)$ 间的一个重要的基本关系为

$$\tau(\omega) = \frac{-\partial\phi(\omega)}{\partial\omega} \tag{2.3.1}$$

根据式(2.3.1),当 $\phi(\omega)$ 为线性函数时对应一个常数脉冲延迟时间。即只改变时域脉冲的移动位置,而不改变其形状。而当 $\phi(\omega)$ 是二次相位函数时,对应的频率依赖延迟与频率是线性关系,它会让时域脉冲得到拓展。只要消除或补偿这个二次相位,就可以获得压缩的变换受限脉冲。还可以讨论三阶相位等高阶相位的影响。文献[5]给出了脉冲整形的详细理论分析。以下考虑图 2.2.1 中的整形系统的整形理论。

考虑复振幅函数在时域和频域分别为 $e_{in}(t)$ 和 $E_{in}(\omega)$ 的输入脉冲,通过一个空间掩膜(mask)为 $M(x)$ 的脉冲整形器。$M(x)$ 是一个强度和相位都能表示的复合体。在频域的输出光场可以表示为

$$E_{out}(\omega) = M(\Re\omega)E_{in}(\omega) \tag{2.3.2}$$

其中,$\Re = \partial x / \partial \omega$ 是在掩膜面的空间色散。可以看到,输出的光谱由输入谱乘以一个等同于掩膜的直接缩放比例的符合频率响应函数。时域的输出场可以通过方程(2.3.2)的逆傅里叶变换获得:

$$e_{out}(t) = e_{in}(t) \otimes m(t/\Re) \tag{2.3.3}$$

其中

$$m(t/\Re) = \frac{1}{2\pi}\int M(\Re\omega)e^{j\omega t}\,d\omega \tag{2.3.4}$$

输出场是输入场与脉冲整形器脉冲响应函数的卷积,等同于缩放的掩膜函数的逆傅里叶变换。需要说明的是,对于变换受限的输入脉冲,脉冲整形一般不会减小脉冲持续时间,因为带宽不会增加。

然而,实际中情况并非如此简单。因为对应于任何单个光频分量的光场在掩膜平面占用一个有限点时会产生其他效应,例如,一个单频光场碰到一个具有陡峭空间特征的掩膜时会出现衍射效应,因而会对特定频率分量的空间场产生影响。此外,在掩膜不同位置处的不同频率场间也会相互影响,从而造成不同的空间重新整形。这说明,经脉冲整形后的光场将是空间和时间的耦合函数。对于大多数的实际应用,我们希望得到的是独立于空间坐标的时域整形脉冲。这可以通过适当的空间滤波来实现。经滤波后,整形的输出场变为

$$E_{out}(\omega) \propto \left[\iint dx M(x) e^{[-2(x-\Re\omega)^2/w_0^2]}\right] E_{in}(\omega)w_0 \tag{2.3.5}$$

其中,w_0 是假设的高斯场在掩膜平面聚焦的半径。需要说明的是,由于有限的光斑尺寸,掩膜函数被模糊。这暗示着掩膜施加给光谱时有一个最小的特征尺寸,从而导致出现一个最小光谱精度。这种情况与传统光谱仪的起源类似。通过方程(2.3.5)的逆傅里叶变换所得时域光场为

$$e_{out}(t) \propto e_{in}(t) \otimes \left[m(t/\Re)e^{(-w_0^2 t^2/8\Re^2)}\right] \tag{2.3.6}$$

此时输出场等于输入场与一个改良的脉冲整形器脉冲响应函数的卷积。这个改良的脉冲响应函数等于无限光谱精度脉冲响应函数乘以高斯窗口函数。有限的光斑尺寸和产生的有限光谱精度将脉冲整形操作限制在有限的时间孔径内。

2.3.2　整形结果举例

作为脉冲整形例子,选择常用的线性啁啾高斯脉冲作为初始输入脉冲来展示其整形之后的结果。假设输入高斯形脉冲光场的中心频率为 ω_0,半高全宽 (FWHM) $T_{\mathrm{in,FWHM}} = T_{\mathrm{in}}\sqrt{2\ln 2}$,则

$$e_{\mathrm{in}}(t) = \varepsilon_{0\mathrm{in}} \Lambda_{T_{\mathrm{in}}}(t) \mathrm{e}^{\mathrm{i}\omega_0 t}, \quad \Lambda_{T_{\mathrm{in}}}(t) = \mathrm{e}^{-(t/T_{\mathrm{in}})^2} \tag{2.3.7}$$

定义透明系数 $0 \leqslant \kappa(\omega) \leqslant 1$ 和如下的相位 $\varphi(\omega)$:

$$\widetilde{E}(\omega) = \kappa(\omega) \mathrm{e}^{\mathrm{i}\phi(\omega)} \widetilde{E}_{\mathrm{in}}(\omega) \tag{2.3.8}$$

线性啁啾由一个含有二次光谱相位的单个调制器获得,即

$$\kappa(\omega) = 1, \quad \phi(\omega) = \alpha (\omega - \omega_0)^2 \tag{2.3.9}$$

得到的输出场为

$$\mathrm{e}(t) = \varepsilon_{0\mathrm{in}} \sqrt{\frac{T_{\mathrm{in}}}{T}} \mathrm{e}^{-(t/T)^2} \mathrm{e}^{\mathrm{i}(\omega_0 t + \zeta(t) - \theta)} \tag{2.3.10}$$

瞬时角频率为

$$\omega(t) \equiv \omega_0 + \dot{\zeta}(t) = \omega_0 - \frac{8\alpha}{T_{\mathrm{in}}^4 + 16\alpha^2} t \approx \omega_0 - \frac{1}{2\alpha} t \quad (\alpha \geqslant T_{\mathrm{in}}^2) \tag{2.3.11}$$

相位为

$$\theta = \arg \sqrt{T_{\mathrm{in}}^2 - 4\mathrm{i}\alpha} \tag{2.3.12}$$

脉冲持续时间为

$$T = \frac{4\alpha}{T_{\mathrm{in}}} \sqrt{1 + \left(\frac{T_{\mathrm{in}}^2}{4\alpha}\right)^2} \approx \frac{4\alpha}{T_{\mathrm{in}}^2} T_{\mathrm{in}} \quad (\alpha \geqslant T_{\mathrm{in}}^2) \tag{2.3.13}$$

啁啾的宽度可以用 $|\dot{\zeta}(T/2) - \dot{\zeta}(-T/2)| = \dot{\zeta}(T)$ 来表征,因此在实际中它受到激光谱的限制,有

$$\dot{\zeta}(T) \leqslant \frac{2}{T_{\mathrm{in}}} \tag{2.3.14}$$

当 $\alpha \geqslant T_{\mathrm{in}}^2$ 时,可以获得的渐进值为 $4/T_{\mathrm{in}}$,对应的持续时间 $T \geqslant 4T_{\mathrm{in}}$。

2.4　二元脉冲整形技术

2.4.1　一般二元脉冲整形技术

对于含有 N 个像素点的脉冲整形器,理论上可以获得 $(P \times A)^N$ 种整形脉冲,其中,P 和 A 分别是一个像素点上可用的不同振幅和相位的数量。假设在

100 个像素点中,每个像素取 10 个不同的振幅值和 100 个不同的相位值,所得不同整形的脉冲数量是 10^{300} 数量级。因此,在如此多的整形方案中要找到所需的整形方案是非常困难且耗时的。而在很多脉冲整形的问题中,可以将振幅和相位的数量做个限制,如二元脉冲整形(binary pulse shaping)就是其中简化有效的一种方案[6]。在该方案中,只有两个振幅值 0 和 1 及两个相位值 0 和 π,这样就比任意相位和振幅组合的数目大为减少。如果振幅相同,只用 0 和 π 两个相位来调节,那就更加简化。郑铮等人借用通信领域的 M 序列和 Hadamard 编码通过设置二元相位 0 和 π 来实现厚晶体中的二次谐波压缩[7]。后来 Dantus 等人利用准随机的主数二元相位整形(Prime - Number Binary phase shaping)压缩了二次谐波光谱[8]。这些二元脉冲整形方案有很多的优点,一个等同于 π 的相位延迟在技术中很容易快速获得和校准。图 2.4.1 给出了文献[8]实验中所用的 64 位像素点二元相位整形例子。

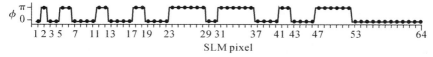

图 2.4.1 二元相位整形例子

2.4.2 菲涅耳二元脉冲整形技术

1992 年 Broers 根据光学中的菲涅耳波带片原理,在研究二次谐波产生和双光子吸收的光谱能量聚焦时引入了二元振幅调制[9]。将这种根据菲涅耳波带分割法利用二元脉冲整形方案整形脉冲的方法叫做菲涅耳二元脉冲整形(Fresnel - inspired binary pulse shaping),其中包括菲涅耳二元振幅(0,1)整形(Fresnel - Inspired Binary Amplitude shaping,FIBAS)和菲涅耳二元相位(0,π)整形(Fresnel - Inspired Binary Phase Shaping,FIBPS)两种。这就是本书所利用的脉冲整形技术。不过,在后面的叙述中可以看到,根据极值条件的演化规律将这种脉冲整形的方案做了优化处理。图 2.4.2 给出了这种整形方案的示意图,其中,$\Delta\omega$ 代表待整形脉冲的光谱宽度(全宽)。左边纵坐标表示相位,右边纵坐标表示振幅,可以同时进行振幅和相位的调制。这些调制的区间是根据菲涅耳波带分割法裁剪的,裁减宽度是不均匀的,中心最宽,裁剪宽度依次向两边对称的减小。

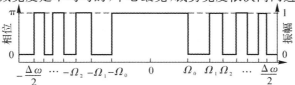

图 2.4.2 菲涅耳二元脉冲整形示意图

2.5 小　结

本章介绍了脉冲整形技术的发展、整形方法和原理及常用的整形装置。利用脉冲整形方法举例脉冲整形后的结果。最后介绍了一般二元脉冲整形及后面要用到的菲涅耳二元脉冲整形方案。

参 考 文 献

[1] FORK R L, GREENE B I, Shank C V. Generation of optical pulses shorter than 0. 1 psec by colliding pulse mode locking[J]. Applied Physics Letters, 1981, 38(9):671-672.

[2] WEINER A M, LEAIRD D E, Patel J S, et al. Programmable femtosecond pulse shaping by use of a multielement liquid - crystal phase modulator[J]. Optics Letters, 1990, 15(6):326-328.

[3] WEINER A M. Femtosecond pulse shaping using spatial light modulators[J]. Review of scientific instruments, 2000, 71(5):1929-1960.

[4] WEINER A M. Ultrafast optical pulse shaping:a tutorial review[J]. Optics Communications, 2011, 284(15):3669-3692.

[5] WEINER A M. Ultrafast Optics[M]. Hoboken, N J:Wiley, 2009.

[6] LOZOVOY V V, Dantus M. Systematic control of nonlinear optical processes using optimally shaped femtosecond pulses[J]. Chem Phys Chem, 2005, 6(10):1970-2000.

[7] ZHENG Z, WEINER A M. Coherent control of second harmonic generation using spectrally phase coded femtosecond waveforms[J]. Chemical Physics, 2001, 267(1):161-171.

[8] COMSTOCK M, LOZOVOY V, PASTIRK I, et al. Multiphoton intrapulse interference 6; binary phase shaping[J]. Optics express, 2004, 12(6):1061-1066.

[9] BROERS B, NOORDAM L D, VAN DEN HEUVELL H B L. Diffraction and focusing of spectral energy in multiphoton processes[J]. Physical Review A, 1992, 46(5):2749.

第3章
非共振双光子吸收过程中的量子聚焦与相干控制

3.1 引 言

　　量子相干控制的目的是通过操控量子干涉得到人们所期望的最终量子态。其基本思想是通过操纵激发光场相干特性从而保留或去除量子干涉中各通道间干涉相长或干涉相消的部分,获得所需要的量子态而去除不需要的量子态。传统的相干控制方法是利用脉冲对激发并调节脉冲对间的时间延迟来实现[1-4]。目前,实现量子控制最普遍使用的方法是利用脉冲整形技术,通过这一技术操纵单个脉冲光谱相位或振幅可以得到几乎任意形状的超短脉冲[5-6]。Meshulach和 Silberberg[7-8]利用脉冲整形技术在铯原子中首先实验实现了对非共振双光子吸收(TPA)的量子相干控制。随后,Dayan 等[9]在铷原子中利用宽带下转换光实验实现了双光子吸收的量子相干控制。对于分子系统中的非共振双光子跃迁的相干控制问题也已经有很多理论和实验研究[8,10-12]。这些量子相干控制方法在非线性光谱学和显微镜学方面有重要的应用[13],除了起初对分子和原子系统的相干控制外,如今已扩展到半导体[14],纳米等离子等结构[15]中。

　　在弱场机制下,量子控制由量子干涉所主导。因此,为了获得选择性多光子激发,有必要找到一种恰当的方法来裁剪激发脉冲,从而在设想的路径诱发相长干涉而在其他路径诱发相消干涉。对于多光子过程,可以通过利用多光子脉冲内干涉(multiphoton - intrapulse interference,MII)[16]的方法实现,该方法只需要对激发脉冲实施相位调制即可,如二元相位整形(binary phase shaping)[17]。此外,文献[17 - 19]已针对双光子光谱聚焦问题做了量化的理论与实验研究。Broers 等[20]基于双光子吸收与单缝菲涅耳衍射的类比设计了一个菲涅耳波带片,从而实验验证了双光子光谱能量在铷原子中的聚焦。然而,实验发现中心频率附近出现了较大的背景。可见,其聚焦结果并不完美。是什么原因造成聚焦结果的不完美?能否找到一种更好的聚焦方法从而实现完美聚焦呢?这就是本章介绍的核心内容。

　　本章理论上探讨了弱超短脉冲光场与二能级原子在频域的非共振双光子跃

迁过程,分析了激发态波函数的演化规律,得到了用菲涅耳函数表示的跃迁概率解析表达式。激发态波函数在频域的演化是量子衍射的结果,激发光场的初相位决定波函数的实部和虚部的比例关系,因此,通过操控激发光场的初相位可以改变波函数的实部和虚部的比例关系即原子极化过程中的色散与吸收的关系,从而达到对原子极化过程的操控。选择适当的初相位,可以得到纯实数或纯虚数的波函数,因而可以实验直接测量波函数。此外,根据双光子吸收概率极值的演化规律,提出一种新的激发脉冲裁剪方案,利用该方案将激发脉冲在频域裁剪为许多频率分量,这些不同的频率分量各自得到的双光子吸收概率振幅之间有确定的相位差。因此,通过组合这些频率分量可以得到不同的跃迁概率振幅相干叠加结果。通过适当组合可以调制量子干涉使各通道间干涉相长,从而实现双光子吸收概率的量子聚焦效应,聚焦后的跃迁概率强度可以提高一个数量级;通过调制量子干涉使各通道间干涉相消可以完全消除双光子吸收概率,从而理论上实现了对双光子吸收的量子相干控制。这种新的激发脉冲裁剪方案提供了激发脉冲内不同频率分量间更精确的相位关系,因而获得了比 Broers 等更完美的聚焦结果,其聚焦背景更低、聚焦信号更强。

3.2　双光子吸收

考虑一弱超短脉冲光场 $E(t)$ 与二能级原子的双光子相互作用,若相互作用是非共振的,即中间没有实能级存在。原子开始处于基态 $|g\rangle$,脉冲光场的宽度小于激发态能级寿命(不考虑弛豫),根据一阶时域微扰理论,原子从基态跃迁到能量为 E_f 激发态 $|f\rangle$ 上的跃迁概率振幅可表示为[8]

$$a_f(t) = \frac{\mu_{fg}}{i\hbar} \int_{-\infty}^{t} E(t) \exp[i(\omega_0 t_1)] dt_1 \qquad (3.2.1)$$

其中,μ_{fg} 为偶极矩阵元。共振频率 $\omega_0 = (E_f - E_g)/\hbar$。激发脉冲作用时间结束后,上述积分只是光场在共振位置的傅里叶分量。因此,单光子跃迁概率仅依赖于激发脉冲中引起共振的频率分量,而其他分量的振幅和相位都不会影响跃迁概率。

若脉冲对于任何单光子跃迁都不是共振的,将会出现双光子跃迁。根据二阶时域微扰理论,有

$$a_f(t) = -\frac{1}{\hbar^2} \sum_l \mu_{fl}\mu_{lg} \int_{-\infty}^{t} \int_{-\infty}^{t_1} E(t_1)E(t_2) \exp(i\omega_{fl}t_1) \exp(i\omega_{lg}t_2) dt_2 dt_1$$

$$(3.2.2)$$

其中,$\hbar\omega_{ij} = E_i - E_j$,求和是所有可能中间态的叠加。在短脉冲激发情况下,有

必要对整个中间能级检查第一个求和。由于假设它们都是远离共振的，因此所有中间能级的贡献将是仅在一个非常短时间里的相干合成。因此有下面的近似：

$$\sum \mu_{fl}\mu_{lg}\exp[iE_l(t_2-t_1)/\hbar] \approx \begin{cases} \langle f\mid\mu^2\mid g\rangle & \mid t_1-t_2\mid < \bar\omega^{-1} \\ 0 & \mid t_1-t_2\mid \geqslant \bar\omega^{-1} \end{cases}$$

$$(3.2.3)$$

其中，$\hbar\bar\omega$ 是近似的权重平均能量。这样就可以简化以上的双积分，于是得到以下脉冲作用下的双光子跃迁概率：

$$P_{g\to f}^{(2-PH)} = \frac{1}{\hbar^4}\left|\frac{\langle f\mid\mu^2\mid g\rangle}{\bar\omega}\right|^2 \left|\int_{-\infty}^{+\infty}E^2(t)\exp(i\omega_0 t)dt\right|^2 \quad (3.2.4)$$

此时，双光子跃迁概率依赖于与跃迁共振 $E^2(t)$ 的光谱分量。类似地，对于高阶过程，若低于 N 阶的跃迁都是非共振的，则 N 光子跃迁概率正比于 $E^N(t)$ 的共振傅里叶分量，即

$$P_{g\to f}^{(N-PH)} \propto \left|\int_{-\infty}^{+\infty}E^N(t)\exp(i\omega_0 t)dt\right|^2 \quad (3.2.5)$$

对双光子过程，利用卷积理论将式(3.2.5)重新写为下列频域的表示：

$$P = \mid\rho\mid^2 \propto \left|\int E(\omega_0+\Omega)E(\omega_0-\Omega)d\Omega\right|^2 =$$

$$\left|\int A(\omega_0+\Omega)A(\omega_0-\Omega)\exp\{i[\phi(\omega_0+\Omega)+\phi(\omega_0-\Omega)]\}d\Omega\right|^2$$

$$(3.2.6)$$

其中，$E(\omega)=A(\omega)e^{i\phi(\omega)}$ 是 $E(t)$ 的傅里叶变换，ω_0 为激发光场的中心频率，频率变量 $\Omega=\omega-\omega_0$。$A(\omega)$ 和 $\phi(\omega)$ 分别表示光场的振幅和相位分布。式(3.2.6)表明，双光子跃迁过程涉及激发脉冲所包含的所有频率范围，只要两个光子的频率 ω_i 和 ω_j 满足 $\omega_i+\omega_j=2\omega_0$ 即可，如图 3.2.1 所示的能级示意图。因此激发脉冲中的所有频率分量都对原子激发态跃迁概率有贡献，最终的结果由各通道之间量子干涉决定，而单光子过程则只和共振频率有关[8]。当激发脉冲的功率谱一定时，跃迁概率仅仅与激发脉冲的相位因子有关，因此可以通过对激发脉冲的光谱相位的裁剪实现对双光子跃迁过程的量子相干控制。若激发脉冲是与光场相位因子无关的变换受限脉冲($\phi(\omega)=0$)，则所得跃迁概率振幅最大，且保持不变。而与其有相同功率谱但具有反对称光谱相位分布的激发脉冲

$$\phi(\omega_0+\Omega) = -\phi(\omega_0-\Omega)$$

对应的双光子跃迁与光谱相位分布无关，其结果与激发脉冲为变换受限脉冲的情况相同。但这种反对称性相位分布会严重影响脉冲形状。此外，通过裁剪光谱相位，可以在某些频率处消除双光子跃迁，具有这种相位分布的光脉冲被称为

暗脉冲,这种暗脉冲是光频率特殊的相干叠加,这种相干叠加的结果会消除双光子吸收。

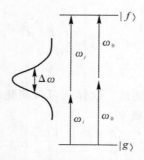

图 3 2.1　双光子吸收能级示意图

下面考虑激发脉冲光谱相位分布对称的情况,即

$$\phi(\omega_0 + \Omega) = \phi(\omega_0 - \Omega)$$

选择激发脉冲振幅包络为高斯型

$$A(\omega) = \exp[-(\omega - \omega_0)^2/2\sigma^2]$$

其中,中心频率为 ω_0,频率范围(全宽)为 $\Delta\omega$,频率变量 Ω 满足

$$-\frac{1}{2}\Delta\omega \leqslant \Omega \leqslant \frac{1}{2}\Delta\omega$$

选择相位分布为

$$\phi(\omega) = \alpha(\omega - \omega_0)^2 + \phi_0 \tag{3.2.7}$$

该相位分布与频率是二次非线性关系,α 为啁啾参数,ϕ_0 为初相位。具有这种特点的脉冲也称为啁啾脉冲,但其角频率不随时间线性变化,因而并不是通常所用的线性频率啁啾脉冲。用这种啁啾光谱相位分布的高斯脉冲来激发双光子过程,激发态的跃迁概率振幅可表示为

$$\rho(\Omega) \propto e^{i2\phi_0} \int_{-\Delta\omega/2+\Omega}^{\Delta\omega/2+\Omega} e^{i\beta\omega'^2} d\omega' \tag{3.2.8}$$

其中,$\beta = 2\alpha + i/\sigma^2$,$\Delta\omega$ 为积分带宽。式(3.2.8)具有典型的菲涅耳积分的形式,其积分结果为

$$\rho(\Delta\omega, \Omega) \propto e^{i2\phi_0}\{c(\Delta\omega, \Omega) + is(\Delta\omega, \Omega)\} \tag{3.2.9}$$

其中

$$\left.\begin{array}{l} c(\Delta\omega, \Omega) = \sqrt{\pi/2\beta}\{C[(\Delta\omega - 2\Omega)\sqrt{\beta/2\pi}] + C[(\Delta\omega + 2\Omega)\sqrt{\beta/2\pi}]\} \\ s(\Delta\omega, \Omega) = \sqrt{\pi/2\beta}\{S[(\Delta\omega - 2\Omega)\sqrt{\beta/2\pi}] + S[(\Delta\omega + 2\Omega)\sqrt{\beta/2\pi}]\} \end{array}\right\}$$

$$\tag{3.2.10}$$

$C(x)=\int_0^x \cos(\pi t^2/2)\mathrm{d}t, S(x)=\int_0^x \sin(\pi t^2/2)\mathrm{d}t$ 分别为菲涅耳余弦和菲涅耳正弦函数。激发态的跃迁概率可表示为

$$P(\Delta\omega,\Omega)=|\rho|^2 \propto |c|^2+|s|^2 \tag{3.2.11}$$

显然,激发光场初相位对跃迁概率没有影响。式(3.2.8)与光场经过一个狭缝的菲涅耳衍射的表达式完全类似。Broers 在文献[20]中曾对这种类似做了详细的分析。从物理上来讲,双光子跃迁过程是由于啁啾的频率扫描导致了不同频率分量对应的双光子跃迁通道之间量子干涉的结果。因此,通过控制光场的相位可以控制最终的量子干涉是相长干涉还是相消干涉。

3.3　双光子过程与菲涅耳衍射的类比

以下讨论双光子过程与菲涅耳衍射的类比,如图 3.3.1 所示。当研究菲涅耳单缝衍射时[见图 3.3.1(a)],会出现对所带权重相位的类似求和过程。一线光源 L(与纸面垂直)所发光经过一个相距为 L_1 的缝 S(缝宽为 Δz,范围从 $z=-\Delta z/2$ 到 $z=+\Delta z/2$)。(菲涅耳)衍射图样被记录在距离缝后 L_2 的屏 P 上。计算 P 处的衍射强度意味着对通过缝 z 点处从 L 到 P 的所有可能路径的贡献求和,求和同时要考虑每个贡献的路径所携带的相位。对于波长为 λ 的光,在各个路径上的相位差的初始值就是几何路径长度的差值。对于 O 点,假设 $\Delta z \ll L_1, L_2$,这一相位为

$$\phi(z)=\frac{\pi}{\lambda}\left[\frac{1}{L_1}+\frac{1}{L_2}\right]z^2 \tag{3.3.1}$$

对于菲涅耳衍射的一个更严格的处理,见本章参考文献[22-24]。$(1/L_1+1/L_2)$ 分别来自 L 和 O 的通过整个缝的波前(相前)曲率之和。

引入 z 的无量纲形式

$$\upsilon=z\left[\frac{2}{\lambda}\left(\frac{1}{L_1}+\frac{1}{L_2}\right)\right]1/2 \tag{3.3.2}$$

根据著名的菲涅耳积分,O 点的衍射场可写为

$$E_O \propto \int_{-\Delta\upsilon/2}^{+\Delta\upsilon/2}\mathrm{d}\upsilon \mathrm{e}^{\mathrm{i}(\pi/2)\upsilon^2} \tag{3.3.3}$$

类似方程(3.2.8)与方程(3.3.3)表达的同样是相位[$\phi(\upsilon)=(\pi/2)\upsilon^2$]的和,然而,它不包括一个依赖于 υ 的权重因子。这是因为做了 $\Delta z \ll L_1,L_2$ 这一近似的结果,这表明经过整个缝的强度是均匀的。因此,在菲涅耳衍射和双光子过程这两种情况下都会碰到一个"路径积分",这要求对所有路径中的各种贡献求和并记录每个相位的贡献。如果让双光子过程中的积分脉冲变为方波脉冲,此时方

程(3.2.8)中 $\beta = 2\alpha$,则权重因子就会去掉。方波脉冲宽度 $\Delta\omega$ 和缝宽 Δz 相对应,两种情况下的相位都是二次的。在双光子过程中,相位 $\phi(\omega)$ 中的 α 代表相位包络的曲率,这与菲涅耳衍射中的 $(1/\lambda)(1/L_1 + 1/L_2)$ 相对应。这一点显示在图 3.3.1(b) 中。在菲涅耳衍射情况下,衍射图像完全由无量纲的变量决定,表示波相前曲率[见方程(3.2.8)]的方根与缝宽的乘积。因此,通过类比双光子过程的效应可以认为完全由 $\sqrt{\alpha}\,\Delta\omega$ 决定,这与 $\Delta\upsilon$ 相对应,同样是无量纲的。图 3.3.1(b) 中,基波脉冲中的每个频率携带各自的相位对在 $2\omega_0$ 处的强度均有贡献。实线和虚线分别代表基波脉冲的功率和相位轮廓。

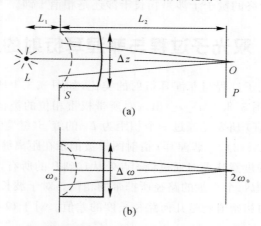

图 3.3.1　菲涅耳单缝衍射和啁啾脉冲作用下双光子过程的类比[20]
(a)菲涅耳单缝衍射;　(b)啁啾脉冲作用下的双光子过程

　　以上是在基波脉冲中心频率 $2\omega_0$ 处及光屏的中心位置 O 对两个过程所做的类比。不在基波脉冲中心频率 $2\omega_0$ 和不在光屏的中心位置 O 时,这种类比不再严格适用。原因是菲涅耳衍射表示单光子(线性)过程,而双光子过程则是非线性的。在菲涅耳衍射情况下,缝的每一部分对屏上的每一点都有贡献。相反,由于能量守恒的约束,不是所有频率都对双光子能级上的频率有贡献。比如,在脉冲的带宽里,没有频率 ω' 满足 $\omega' + (\omega_0 - \Delta\omega/2) = (2\omega_0 + \Delta\omega/2)$。因此,频率 $(\omega_0 - \Delta\omega/2)$ 对双光子能级上的频率 $(2\omega_0 + \Delta\omega/2)$ 没有贡献。这一例外的机制等价于当记录远离 O 点上的菲涅耳衍射时,其中的一个缝被遮盖住了。掩盖的缝离 O 点的距离是线性变化的;对于在 O 点观测图样,缝是完全打开的,而对于距 O 点为 Δz 的距离处,缝恰好被遮掩。在数学形式上,双光子过程与菲涅耳衍射的不同,可以从积分上限看出,考虑方程(3.2.8)与方程(3.3.3)的一般形式

$$\rho(\Omega) \propto \int_{-\Delta\omega/2+|\Omega|}^{+\Delta\omega/2-|\Omega|} d\omega' e^{i2\alpha\omega'^2} \qquad (3.3.4)$$

$$E(\delta\upsilon) \propto \int_{-\Delta\upsilon/2+|\delta\upsilon|}^{+\Delta\upsilon/2+|\delta\upsilon|} d\upsilon e^{i(\pi/2)\upsilon^2} \qquad (3.3.5)$$

其中，$E(\delta\upsilon)$ 表示距离 O 点 $\delta\upsilon$ 处的衍射场。

尽管上述类比在远离基波脉冲中心频率 $2\omega_0$ 时不成立，但是双光子跃迁概率的条纹分布和菲涅耳衍射图案的条纹分布却是一致的，如图 3.3.2 所示为方波型啁啾脉冲作用时双光子功率谱形状（实线）与相应相同大小相前曲率的菲涅耳衍射图样（虚线）的比较。在双光子过程中，"失谐量"表示相对于中心频率之差；在菲涅耳衍射情况下则表示相距光屏中心点的距离。两者的条纹都是从中心依次向两边不断变宽，且每个条纹的最大值依次增加，最小值依次减小。因此，尽管双光子过程是非线性过程，而菲涅耳衍射是线性过程，但两者呈现的条纹分布规律是一致的。

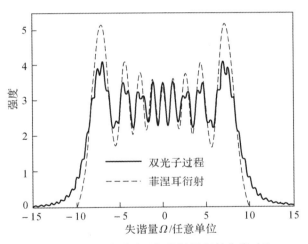

图 3.3.2　双光子过程与菲涅耳衍射曲线对比

3.4　双光子波函数的衍射及量子相干控制

本节介绍双光子波函数在频域的衍射规律及其量子相干控制[25]。

3.4.1　双光子波函数的频域衍射

当光谱宽度 σ 和啁啾参数 α 为常数（$\sigma = 1.5 \times 10^{13}$ rad/s，$\alpha = 10^3$ fs^2）时，双光子跃迁概率在不同积分带宽 $\Delta\omega$ 下随失谐量 Ω 的关系如图 3.4.1(a) 所示。图

3.4.1(a) 为不同积分带宽 $\Delta\omega(10^{13}$ rad/s$)$ 下双光子跃迁概率随失谐量 $\Omega(10^{13}$ rad/s$)$ 的变化。图 3.4.1(b) 为对应的二维图。可以看到，随着积分带宽的增加，双光子跃迁概率的响应范围也变宽，但跃迁概率的大小并未改变。

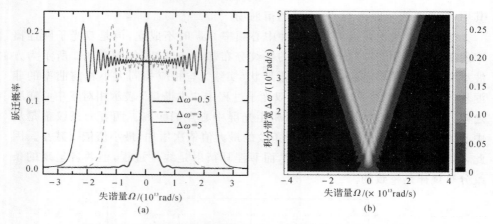

图 3.4.1　双光子跃迁概率随 $\Delta\omega$ 和 Ω 的变化关系及对应二维图

　　图 3.4.1(a) 中曲线的演化类似于空间中光的单缝菲涅耳衍射从较窄缝到宽缝的变化过程，积分带宽相当于扮演了缝宽的角色。而宽缝的衍射可以认为是由两个直边衍射叠加而成，直边衍射的边缘即积分带宽的边界。

　　图 3.4.2(a) 给出了当积分带宽 $\Delta\omega$ 和啁啾参数 α 为常数时，双光子跃迁概率在不同光谱宽度 σ 下随失谐量 Ω 的关系。可以看到，随着光谱宽度 σ 的增加，双光子跃迁概率的震荡变得更加剧烈，但跃迁概率的大小及其响应范围并未改变。因此，光谱宽度 σ 仅决定了双光子跃迁概率衍射震荡的程度。图 3.4.2(a) 为不同光谱带宽 $\sigma(10^{13}$ rad/s$)$ 下双光子跃迁概率随失谐量 $\Omega(10^{13}$ rad/s$)$ 的变化，图 3.4.2(b) 是与图 3.4.2(a) 相对应的二维图。其它参数为 $\Delta\omega = 5 \times 10^{13}$ rad/s，$\alpha = 10^3$ fs^2。

　　图 3.4.3(a) 给出了当积分带宽 $\Delta\omega$ 和光谱宽度 σ 为常数时，双光子跃迁概率在不同啁啾参数 α 下随失谐量 Ω 的关系。可以看到，当脉冲出现啁啾时，双光子跃迁概率的分布类似于宽缝的菲涅耳衍射。跃迁概率交替出现峰值和谷值，当失谐量很大时，即 $\Omega > \Delta\omega$，不会有双光子跃迁发生。峰值的个数由 $N = 1 + \alpha \times (\Delta\omega)^2/2\pi$ 决定。随啁啾参数的增加，跃迁概率减小，峰值和谷值个数增加，但由于失谐量的响应范围不变，因而峰值和谷值间距减小，跃迁概率出现快速震荡。激发态跃迁概率的频率响应宽度范围由 $\Delta\omega - 2\Omega = 0$ 和 $\Delta\omega + 2\Omega = 0$ 来确定，$\Omega_{1,2} = \mp \Delta\omega/2$，得到频率响应宽度范围 $\Delta\Omega = \Omega_2 - \Omega_1 = \Delta\omega$，可见，该宽度完全由激发光场的脉冲宽度决定。如图 3.4.3(a) 所示为不同啁啾参数 α 下双光子跃迁

概率随失谐量 $\Omega(10^{13}\ \mathrm{rad/s})$ 的变化。图 3.4.3(b) 是与图 3.4.3(a) 相对应的二维图。

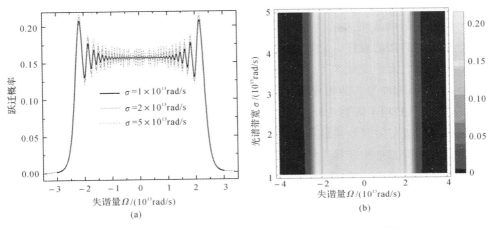

图 3.4.2　概率随光谱带宽 σ 和失谐量 Ω 变化关系及二维图

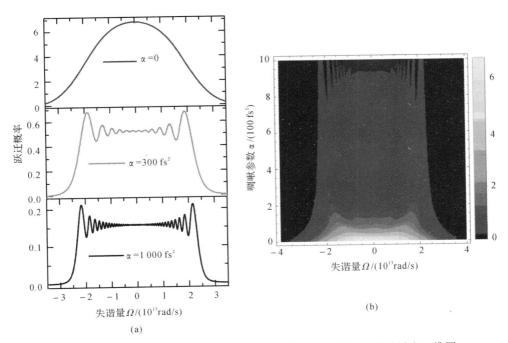

图 3.4.3　双光子跃迁概率随啁啾参数 α 和失谐量 Ω 变化关系及对应二维图

3.4.2 双光子波函数的演化与量子相干控制

双光子激发态波函数由激发态概率振幅描述,其实部和虚部的关系可以用著名的 Cornu 蟠线来表示。图 3.4.4 描述了激发态波函数实部和虚部随频率失谐量螺旋演化的规律。它在底面的投影为考纽蟠线,该蟠线表示了波函数的实部和虚部之间的变化关系,其中的蟠线部分对应着图 3.2.2 中的振荡部分。相反,弱啁啾脉冲与二能级原子相互作用的单光子跃迁过程会在时域呈现布居震荡,即所谓的相干瞬态(coherent transients)[26]。该过程可以通过类比一个高斯光束的直边衍射现象来解释。波函数概率振幅的实部和虚部随时间的变化可以通过相干瞬态重构获得[27-28]。需要说明的是,在弱场机制下的单光子跃迁对应的是系统的线性响应,而双光子过程则对应系统的非线性响应。

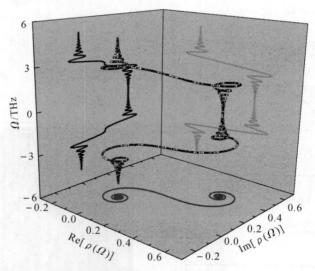

图 3.4.4　激发态波函数的实部和虚部随频率失谐量 Ω 的变化关系

[注:各参量的选取为 $\Delta\omega = 5 \times 10^{13}$ rad/s　($\alpha = 10^3$ f s^2, $\sigma = 1.5 \times 10^{13}$ rad/s)]。

图 3.4.5 中,波函数的 Cornu 螺旋蟠线是以波函数实部 $\mathrm{Re}[\rho(\Omega)]$ 和虚部 $\mathrm{Im}[\rho(\Omega)]$ 为坐标的变化关系。对于不同的光场初相位 $2\phi_0$,蟠线的位置不同。当 $2\phi_0$ 从 0 增加到 2π,Cornu 螺旋蟠线的位置从 1($2\phi_0 = 0$)逆时针转到位置 8 然后又回到 1,完成了一个震荡循环,各位置相位间隔相等,均相差 $\pi/4$,一个循环后相位刚好相差 2π。相反,单光子在时域的 Cornu 螺旋蟠线则只在半个圆周内[29]。图 3.4.6 给出了波函数的实部和虚部在不同激发脉冲初相位时随失谐

量 Ω 的变化关系。可以看到,波函数的实部和虚部的比率反映了波函数的演化,可以通过激发脉冲的初相位进行控制,从而达到对原子极化过程的操控。

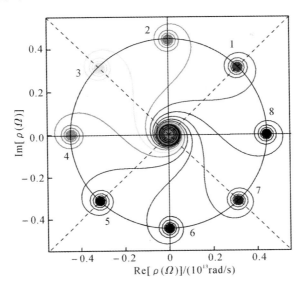

图 3.4.5 激发脉冲光场的初相位 $2\phi_0$ 变化时相应的波函数 Cornu 蜷线

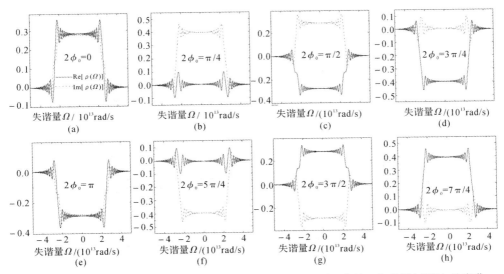

图 3.4.6 激发脉冲光场在不同初相位时相应的波函数实部(实线)和虚部(虚线)的变化

[注:其余量为 $(\Delta\omega = 5 \times 10^{13} \text{ rad/s}, \alpha = 10^3 \text{ fs}^2, \sigma = 1.5 \times 10^{13} \text{ rad/s}_{\circ})$]

对一个二能级原子系统来讲,描述其状态的波函数可以写为

$$\psi = C_a u_a + C_b u_b$$

其中,u_a,u_b 分别代表能量为 E_a 的基态和能量为 E_b 的激发态的本征值。

此波函数也可用一个 2×2 的密度矩阵表示,其各分量为

$$\rho_{aa} = C_a C_a^* , \quad \rho_{ab} = C_a C_b^* , \quad \rho_{ba} = C_b C_a^* , \quad \rho_{bb} = C_b C_b^*$$

二能级原子的演化可以由量子光学中的薛定谔方程和运动的密度矩阵方程来描述,而这些方程通常可以用光学布洛赫方程来处理。在慢变化振幅和旋转波近似下,布洛赫矢量由三个实数组成,即

$$u = \rho_{ab} + \rho_{ba} , \quad v = i(\rho_{ba} - \rho_{ab}) , \quad w = \rho_{bb} - \rho_{aa}$$

式中,u,v,w 分别代表偶极子的色散分量,吸收分量及布局反转[30]。

而原子的极化(即单位体积内的偶极矩)正比于密度矩阵中的非对角元分量[31]

$$\sigma_{ba} = (u - iv)/2$$

因此,通过控制 u 和 v,就可以控制原子的极化过程。假设原子间没有相互作用,通过类比 σ_{ba} 的表达式,可以把波函数表示为

$$\rho(\Omega) = \text{Re}[\rho(\Omega)] + i\,\text{Im}[\rho(\Omega)]$$

通过对比,在相互作用表象下,可以得到

$$u = 2\text{Re}[\rho(\Omega)] , \quad v = -2\text{Im}[\rho(\Omega)]$$

因此,波函数的实部和虚部的比率反映了 u 和 v 的关系,即原子的极化,可以通过激发脉冲的初相位进行控制。通过适当的选择初相位的大小,如 $2\phi_0 = 3\pi/4$ 和 $7\pi/4$ 或 $\pi/4$ 和 $5\pi/4$。

在稳态时波函数可以表示为纯实数(位置 4 和 8)或纯虚数(位置 2 和 6)。由于布居概率在实验中是能直接测量的,因此,由纯实数或纯虚数组成的波函数可以通过测量布居概率得到。只由纯实数组成的波函数可以通过测量布居概率然后开方得到,而只由纯虚数组成的波函数可以通过对测量布居概率开方后再乘以虚数单位 i 得到。

3.5　非共振双光子吸收过程的量子聚焦及相干控制

由于跃迁概率的分布类似于光经过一个宽缝时发生空间衍射的结果,此时的宽缝衍射可以认为是由两个菲涅耳直边衍射叠加而成。基于这种类比,跃迁概率的分布可以认为是一个宽的"频率缝"。根据菲涅耳波带片的思想[20,22],可以将这个频域的宽缝分成一些更小的缝(频率波带),这样使得光经过所分的相邻缝到光屏中心的光程差等于光波长的一半 $\lambda/2$(对应相位差为 π),从而通过去

除偶数或奇数半波带的方法将光信号聚焦在"光屏中心"。因此,可以通过控制这些频率缝间的相位关系来操纵双光子跃迁概率。但关键是如何划分这些频率波带。以下是笔者提出的划分方法。

由于跃迁概率的解析表示是光谱宽度 $\Delta\omega$ 的函数,且通常最关心的是中心频率处的信号,因此笔者探究了跃迁概率 P 随带宽 $\Delta\omega$ 在中心频率处的极值条件。

跃迁概率 P 在 $\Delta\omega$ 处的极值条件为

$$\frac{\mathrm{d}P}{\mathrm{d}\Delta\omega}\bigg|_{\Omega=0} = 2\sqrt{\pi/\alpha}\left[\cos(\alpha\Delta\omega^2/2)C(\Delta\omega\sqrt{\alpha/\pi}) + \sin(\alpha\Delta\omega^2/2)S(\Delta\omega\sqrt{\alpha/\pi})\right]$$

$$(3.5.1)$$

当 $\dfrac{\mathrm{d}P}{\mathrm{d}\Delta\omega}\bigg|_{\Omega=0}=0$ 时,P 取极值。若 C 和 S 两函数相等,则有

$$\cos[\alpha(\Delta\omega)^2/2] + \sin[\alpha(\Delta\omega)^2/2] = 0$$

根据三角函数的特性,只有当 $\theta = 3\pi/4 + n\pi$ 时,$\cos\theta$ 与 $\sin\theta$ 恰好大小相等,符号相反,满足关系 $\cos\theta + \sin\theta = 0$。因此得到了一些特殊的分立的带宽

$$\Delta\omega_n = \pm\sqrt{(3/2+2n)\pi/\alpha} \quad (n=0,1,2,3,\cdots) \quad (3.5.2)$$

上述带宽为 P 取极值时的带宽。对一个给定的 α,$\Delta\omega_n$ 仅由 n 决定。

将方程(3.5.2)带入 $C(\Delta\omega\sqrt{\alpha/\pi})$ 和 $S(\Delta\omega\sqrt{\alpha/\pi})$ 后,发现两函数在确定的 n 值处交叉,如图 3.5.1 所示,当 n 为 0 或正整数时,两函数交叉相等,分别如图中的空心圆圈(n 为偶数)和实心圆圈(n 为奇数)所示。相反,文献[20] 中 Broers 所报道的特殊带宽可以总结为

$$\Delta\omega_n' = \pm\sqrt{(2+2n)\pi/\alpha} \quad (n=0,1,2,3,\cdots) \quad (3.5.3)$$

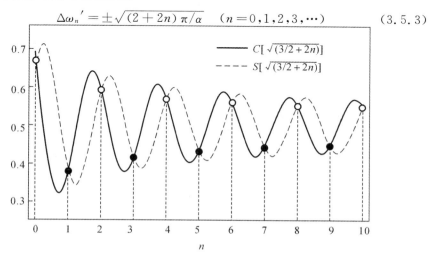

图 3.5.1 菲涅耳余弦函数 C 和菲涅耳正弦函数 S

这一带宽可由图 3.5.2 得到。通过对二次相位包络的划分,使得相邻波带间的相位差为 π,数学表示为

$$2\phi(\omega) = 2\alpha\omega^2 = n\pi$$

式中,n 为正整数。由此得到

$$\omega_{\pm} = \pm\sqrt{\frac{n\pi}{2\alpha}}$$

则 $\Delta\omega' = 2\sqrt{\dfrac{n\pi}{2\alpha}}$。

为了和特殊带宽做对比,让 n 取 0 和正整数,于是得到式(3.5.3)。n 取偶数时,对应着相长干涉;n 取奇数时,对应着相消干涉。

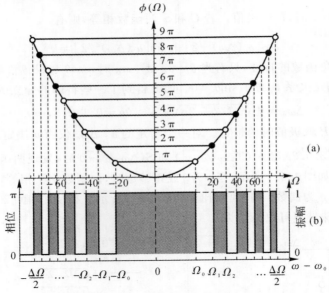

图 3.5.2　基于二次相位包络的脉冲整形方案设计
(a) 利用二次相位包络方法划分菲涅耳波带;　(b) 对应的二元脉冲裁剪方案

而对于式(3.5.3)中的带宽,C 和 S 对于所有 n 值都不相等。当 n 较小时,$\Delta\omega_n$ 和 $\Delta\omega'_n$ 的差别较大,随着 n 的增大,两者趋于一致,如图 3.5.3 所示。而实际中激发脉冲带宽一般所分区间较少,划分区间太多则要求更高的脉冲整形精度。因此,裁剪方法可以认为是在 Broers 方法的基础上改进的菲涅耳二元脉冲整形。下文中,将这两种裁剪方法所得结果进行比较,在理论和实验上都证明提出的改进的菲涅耳二元脉冲整形方案在 n 较小时的结果要优于 Broers 的裁剪方法。不过在下文中不再做区分,统一将其称为菲涅耳二元振幅整形(FIBAS)和

菲涅耳二元相位整形(FIBPS),如无特殊说明,FIBAS 和 FIBPS 均指经过改进的整形方案。

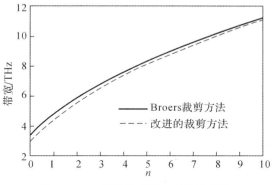

图 3.5.3　整形带宽随 n 的演化规律

在 $\Omega=0$ 处,双光子跃迁概率极值 P 随带宽 $\Delta\omega$ 的演化规律如图 3.5.4(a) 所示。空心圆圈和实心圆圈分别对应着跃迁概率的极大值和极小值。P 的最大值和最小值由 $\mathrm{d}^2P/\mathrm{d}(\Delta\omega)^2$ 的正负决定,这些点分别对应图 3.5.4(a) 中的空心圆圈和实心圆圈。从图中可以看到,当 n 是偶数或奇数时,$P(\Omega=0,\Delta\omega_n)$ 分别取极大值和极小值。这表明,n 取偶数或奇数时激发态振幅相位相同,而相邻 n 值间对应相位差为 π。

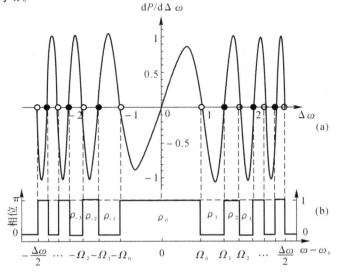

图 3.5.4　基于极值条件的脉冲整形方案设计

(a) 双光子跃迁概率的极值条件在 $\Omega=0$ 随带宽 $\Delta\omega$ 的演化规律;

(b) 相应的方波型激发脉冲的整形方案

依据双光子跃迁概率在 $\Omega=0$ 的极值条件,可以将激发脉冲带宽裁剪成一些小区间(频率波带),例如:$\{-\Omega_0,\Omega_0\}$,$\{-\Omega_{n+1},-\Omega_n\}$,$\{\Omega_n,\Omega_{n+1}\}$,如图 3.5.4(b) 所示。其中 Ω_n 对应式(3.5.2)中的 $\Delta\omega_n$。这些区间是非线性的。定义频率在 $\{-\Omega_0,\Omega_0\}$ 区间对应的激发态振幅为

$$\rho_0 \propto \int_{-\Omega_0+\Omega}^{\Omega_0+\Omega} e^{i2\alpha\omega'^2} d\omega'$$

类似有

$$\rho_1 \propto \int_{\Omega_0+\Omega}^{\Omega_1+\Omega} e^{i2\alpha\omega'^2} d\omega', \rho_{-1} \propto \int_{-\Omega_1+\Omega}^{-\Omega_0+\Omega} e^{i2\alpha\omega'^2} d\omega'$$

等。总的双光子跃迁概率可以表示为

$$P(\Omega) \propto |\Sigma_k \rho_k(\Omega)|^2$$

其中 k 为整数。因此,可以通过排列组合这些频率波带从而操控对应区间激发态振幅间的相位关系。当激发态振幅间的相位差分别等于 $2n\pi$ 或 $2(n+1)\pi$ 时,出现相长干涉或相消干涉。

图 3.5.5 给出了裁剪和调制激发脉冲之后双光子跃迁概率的解析结果。用中心波长为 $\lambda_0=605.6$ nm,带宽为 3.217 nm($\Delta\omega=2.658\times10^{13}$ rad/s)的方形激发脉冲。依据文献[20]取 $\alpha=600$ fs^2。图 3.5.5(a) 和(c) 给出了

$$P(\Omega) \propto |\Sigma_k \rho_{\pm 2k}|^2 \quad (k=0,1,2)$$

的结果,图 3.5.5(b) 和(d) 给出了

$$P(\Omega) \propto |\Sigma_k \rho_{\pm 2k} - \Sigma_k \rho_{\pm(2k-1)}|^2 \quad (k=0,1,2)$$

的结果。为了在提出的裁剪方案和文献[20]中 Broers 的方案做定量比较,计算了对比率 C。根据文献[16-19],它被定义为总信号 S 和背景信号 B 的比值。在利用文献[20]中 Broers 的裁剪方案所得结果中可以发现,在聚焦区域出现了较大的背景信号,其振幅裁剪和相位裁剪方案所得结果的对比率分别为 $C=0.40$,0.62。相比之下,利用提出的裁剪方案所得结果在跃迁中心频率处得到了更高的聚焦强度和较小的背景信号,其对比率分别为 $C=0.59$,0.97。因此,裁剪方案提供了双光子光谱能量的更优化的聚焦效果[32]。

图 3.5.5(e) 中粗线给出了带有二次相位的原始跃迁概率演化规律,细线给出了

$$P(\Omega) \propto \left|\sum_k \rho_{\pm 2k} - \sum_k \rho_{\pm(2k-1)}\right|^2 \quad (k=0,1,2,3)$$

的结果,该结果由于在中心频率 $\Omega=0$ 和其他位置处增加了更多相长干涉通道和相消干涉通道,因而得到了最好的聚焦结果。在这一结果中,$\Omega=0$ 处的跃迁概率信号就像一个尖的 delta 函数信号,其余位置的背景信号极低。中心频率处的信号强度比原始平均强度提高了一个数量级,线宽(半高全宽 FWHM)压缩为

原来的 3.7%。这种现象类似于多光束干涉,可以称其为"量子聚焦"。原则上,对于一确定的激发脉冲带宽,可以通过增加 $\Omega=0$ 处相长干涉通道(增加裁剪波带的数量)的方法获得高对比率低背景的聚焦信号。

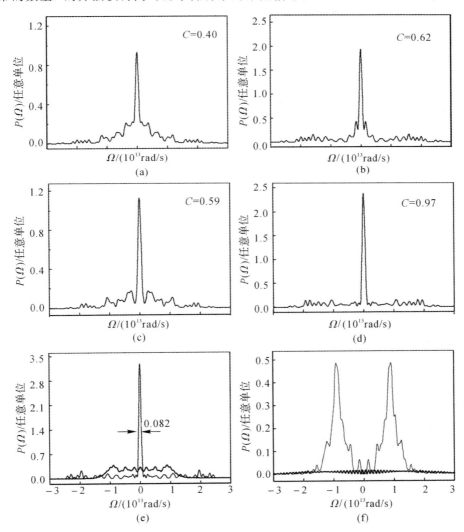

图 3.5.5 计算的裁剪和调制激发脉冲后的双光子跃迁概率

如果能将振幅 $\rho_k(k=1,2,\cdots,6)$ 和反转相位后的振幅 $\rho'_k(k=-6,-5,\cdots,-1)$ 组合在一起,则最终的跃迁概率可以表示为

$$P(\Omega) \propto \left| \sum_{k=-6}^{k=-1} \rho_k - \sum_{k=1}^{k=6} \rho_k \right|^2$$

此时,由于相消干涉,中心频率处无跃迁概率,而在中心频率两侧出现了两个峰(图 3.5.5(f)中的细线)。此外,通过适当裁剪激发脉冲,也可以完全消除双光子跃迁概率。例如,

$$P(\Omega) \propto \left| \sum_{k=-6}^{k=-5} \rho_k - \sum_{k=5}^{k=6} \rho_k \right|^2$$

为图 3.5.5(f)中的粗线。原则上,利用提出的这种脉冲裁剪方案可以获得各种双光子跃迁概率信号。

尽管上述结果是将激发脉冲简化为方波脉冲得到的,但在下文中会看到,提出的方法对具有对称性分布的各种脉冲形状如高斯型,洛伦兹型等均适用。在实际实验中执行脉冲整形时,理论结果和实验结果会出现一些差别,实验的聚焦信号的背景可能会比理论的要大一些。这主要是由脉冲整形的精度和误差所导致的。

3.6 小　　结

本章研究了弱啁啾脉冲作用下二能级原子在频域的非共振双光子吸收过程。将双光子过程与菲涅耳衍射进行了类比,发现双光子波函数的在频域的演化类似于光场经过宽缝在空间的菲涅耳衍射行为。通过控制激发脉冲初相位,即可改变波函数的实部和虚部的比例关系即原子极化过程的色散与吸收的关系,从而达到对原子极化过程的操控作用。此外,针对 Broers 对双光子聚焦背景大这一缺陷,利用改进的菲涅耳二元脉冲裁剪方案,实现了背景更小,中心信号强度更大的量子聚焦。本书对于双光子吸收过程的研究是在假定驱动场是弱场的情况。如果驱动场是强场,此时相干控制方法就会失效。因为强场相互作用伴随着能级功率增宽及能级移动(Stark shift),因而一般无法简单地解析获得。如何在强场作用下实现双光子吸收过程的量子相干控制,建立解决问题的模型并获得解析结果是需要进一步研究的内容。

参 考 文 献

[1] HEBERLE A P, BAUMBERG J J, KÖHLER K. Ultrafast coherent control and destruction of excitons in quantum wells[J]. Physical review letters, 1995, 75(13):2598.

[2] BELLINI M, BARTOLI A, HÄNSCH T W. Two - photon Fourier spectroscopy with femtosecond light pulses[J]. Optics letters, 1997, 22(8): 540 - 542.

[3] BLANCHET V, NICOLE C, BOUCHENE M A, et al. Temporal coherent control in two - photon transitions:from optical interferences to quantum interferences [J]. Physical Review Letters, 1997, 78 (14):2716.

[4] PRÄKELT A, WOLLENHAUPT M, SARPE - TUDORAN C, et al. Phase control of a two - photon transition with shaped femtosecond laser - pulse sequences[J]. Physical Review A, 2004, 70(6):063407.

[5] HILLEGAS C W, TULL J X, GOSWAMI D, et al. Femtosecond laser pulse shaping by use of microsecond radio - frequency pulses[J]. Optics Letters, 1994, 19(10):737 - 739.

[6] WEINER A M. Femtosecond optical pulse shaping and processing[J]. Progress in Quantum Electronics, 1995, 19(3):161 - 237.

[7] MESHULACH D, SILBERBERG Y. Coherent quantum control of two - photon transitions by a femtosecond laser pulse[J]. Nature, 1998, 396 (6708):239 - 242.

[8] MESHULACH D, SILBERBERG Y. Coherent quantum control of multiphoton transitions by shaped ultrashort optical pulses[J]. Physical Review A, 1999, 60(2):1287.

[9] DAYAN B, Pe'Er A, FRIESEM A A, et al. Two photon absorption and coherent control with broadband down - converted light [J]. Physical review letters, 2004, 93(2):023005.

[10] LOZOVOY V V, PASTIRK I, WALOWICZ K A, et al. Multiphoton intrapulse interference. II. Control of two - and three - photon laser induced fluorescence with shaped pulses[J]. The Journal of Chemical Physics, 2003, 118(7):3187 - 3196.

[11] SHI A Z, Zu G W, ZHEN R S. Quantum coherent control of two - photon transitions by square phase - modulation[J]. Chinese Physics B, 2008, 17(8):2914.

[12] HUI Z, SHI AN Z, ZU GENG W, et al. Coherent control of non - resonant two - photon transition in molecular system [J]. Chinese Physics B, 2010, 19(11):113208.

[13] SILBERBERG Y. Quantum coherent control for nonlinear spectroscopy and microscopy[J]. Annual review of physical chemistry, 2009, 60: 277 - 292.

[14] HACHÉ A, KOSTOULAS Y, ATANASOV R, et al. Observation of coherently controlled photocurrent in unbiased, bulk GaAs[J]. Physical review letters, 1997, 78(2):306.

[15] AESCHLIMANN M, BAUER M, BAYER D, et al. Adaptive subwavelength control of nano - optical fields[J]. Nature, 2007, 446(7133):301 - 304.

[16] LOZOVOY V V, DANTUS M. Systematic control of nonlinear optical processes using optimally shaped femtosecond pulses[J]. Chem Phys Chem, 2005, 6(10):1970 - 2000.

[17] COMSTOCK M, LOZOVOY V, PASTIRK I, et al. Multiphoton intrapulse interference 6: binary phase shaping[J]. Optics express, 2004, 12(6):1061 - 1066.

[18] LOZOVOY V V, SHANE J C, XU B, et al. Spectral phase optimization of femtosecond laser pulses for narrow - band, low - background nonlinear spectroscopy[J]. Optics express, 2005, 13(26):10882 - 10887.

[19] LOZOVOY V V, XU B, SHANE J C, et al. Selective nonlinear optical excitation with pulses shaped by pseudorandom Galois fields[J]. Physical Review A, 2006, 74(4):041805.

[20] BROERS B, NOORDAM L D, VAN DEN HEUVELL H B L. Diffraction and focusing of spectral energy in multiphoton processes[J]. Physical Review A, 1992, 46(5):2749.

[21] WEINER A M, HERITAGE J P, KIRSCHNER E M. High - resolution femtosecond pulse shaping[J]. Journal of the Optical Society of America B, 1988, 5(8):1563 - 1572.

[22] HECHT E. Optics[M]. 2nd ed. MA:Addison - Wesley, Reading, 1989:434 - 458.

[23] Born M, Wolf E. Principles of Optics[M]. London:Pegamon, 1959:427 - 434.

[24] F. A. Jenkins and H. E. White, Fundamentals of Optics[M]. 3rd ed. New York:McGraw - Hill, 1957:353 - 381.

[25] LI B H, PANG H F, WANG D D, et al. Diffraction and quantum control of wave functions in nonresonant two - photon absorption[J]. Journal of Physics B:Atomic, Molecular and Optical Physics, 2018, 51(6):065501 - 1 - 62018.

[26] ZAMITH S, DEGERT J, STOCK S, et al. Observation of Coherent

Transients in Ultrashort Chirped Excitation of an Undamped Two - Level System[J]. Physical Review Letters，2001，87(3)：033001.

[27] MONMAYRANT A ，BÉATRICE CHATEL，GIRARD B. Quantum state measurement using coherent transients[J]. Physical Review Letters，2006，96(10)：103002.

[28] MONMAYRANT A，CHATEL B，GIRARD B. Real time quantum state holography using coherent transients[J]. Optics Communication，2006，264：256 - 263.

[29] 李永放，任立庆，马瑞琼，等. 利用相位可控光场实现量子态波函数时域演化的量子控制[J]. 物理学报，2010，59(3)：1676.

[30] Allen L，Eberly J H. Optical Resonance and Two - level Atoms[M]. New York：Wiley，1975.

[31] Boyd R W. Nonlinear Optics[M]. 3rd ed. Philadelphia：Academic press，2008.

[32] Li B，Xu Y，An L，et al. Quantum focusing and coherent control of nonresonant two - photon absorption in frequency domain[J]. Optics letters，2014，39(8)：2443 - 2446.

第 4 章
二次谐波产生的光谱压缩

4.1 引　言

二次谐波产生（Second Harmonic Generation，SHG）过程是被最早开始研究的二阶非线性光学现象之一，其研究历史可追溯到 1961 年[1]。在此过程中，角频率为 ω 的基波光波（fundamental optical wave）入射到一非线性介质后，由于介质的二阶非线性极化产生了角频率为 2ω 的二次谐波（Second Harmonic，SH）（或倍频波）。通常只有在基波和二次谐波相速度匹配时，才会得到有效的二次谐波信号。然而，由于相速度色散的客观存在，基波和二次谐波间的相位匹配条件一般不能满足，所以得到的二次谐波信号的效率很低。为了弥补这种相速度色散，可以用基于材料双折射的传统相位匹配技术来提高非线性转换效率。特别是准相位匹配技术（QPM）[2]出现后，可以通过周期性调节材料的非线性系数来弥补材料中的相位失配，从而大大提高了非线性转换效率。此外，高峰值功率的超短激光脉冲通常用于二次谐波产生过程来增强转换效率。然而，由于其具有宽带的频率带宽因而限制了所得信号的光谱精度。1992 年，Broers 等人[3]基于与菲涅耳单缝衍射的类比，利用二元光谱振幅调制首次实验展示了二次谐波的光谱压缩。之后，Zheng 和 Weiner 经过研究发现，在大的群速度失配（Group Velocity Mismatch，GVM）条件下，二次谐波产生过程非常类似于双光子吸收（TPA）过程。此外，他们借用通信技术中的二元编码脉冲实验展示了二次谐波产生过程的相干控制并获得了高对比率的二次谐波信号[4,5]。2007 年，Wnuk 和 Radzewicz[6]利用 π 阶跃相位调制技术实验演示了对二次谐波产生过程的相干控制，这一技术之前已被用于由 Meshulach 和 Silberberg 提出的著名的双光子吸收的量子相干控制实验中[7]。因此，二次谐波产生过程可以借用量子力学中相干控制的方法通过调节各种干涉通道使其获得相长干涉或相消干涉来操控。二次谐波具有效率高和易于执行等优点，提供了一种研究相干控制的更好方法。而量子相干控制已经利用脉冲整形技术[8]在理论和实验上有了大量的研究[7,9-13]并已被广泛应用在非线性光谱（spectroscopy）及显微

（microscopy）[11]以及用来操纵原子、分子、半导体[14]和纳米[15]结构中的物理和化学过程。

然而，之前的研究主要关注于在某一频率处最大化信号而没有将其他频率处的信号最小化。提高非线性光谱测量精度的关键是要找到一种恰当的裁剪基波脉冲的方法从而在设想频率处产生强信号而压缩其他频率处的背景信号。Dantus 及合作者已经报道了多光子过程的各种相干控制，他们仅采用了相位调制来实现这些目标，这种方法被称为多光子脉冲内干涉（Multiphoton Intrapulse Interference，MII）[16-24]。此外，他们基于主数（primary numbers）和优化算法（optimization algorithm）发展了一种新的用于提升选择性激发的方法，即二元相位整形（Binary Phase Shaping，BPS），并实验获得了更优的结果和效率。二元相位整形仅需要设置 0 和 π 这两个相位值即可，这样就可以将每对光子的贡献值分别限制在 0（最小值）和 1（最大值）两个值，因而提供了一种简单有效地压缩背景信号的方法。

本章主要研究基波为高功率脉冲激光时二次谐波产生过程，讨论其在薄晶体和厚晶体时二次谐波产生的不同机制；研究利用量子相干控制方法实现二次谐波产生过程相干控制的条件和控制方法；利用 FIBPS 在理论和实验上实现二次谐波产生的光谱压缩。

4.2 二次谐波产生

在慢变化振幅近似和小信号条件，及第 I 类相位匹配条件[25]下，二次谐波振幅的演化规律由下式描述[5]：

$$\frac{\mathrm{d}}{\mathrm{d}z}E_2(z,\Omega) = i\frac{\mu_0\omega^2}{2k_2(\Omega)}\widetilde{P}_{NL}(z,\Omega)\exp[jk_2(\Omega)z] \qquad (4.2.1)$$

其中，非线性极化谱 $\widetilde{P}_{NL}$ 是非线性极化率 $P_{NL}=\varepsilon_0 d(z)E_1^2(z,t)$ 的傅里叶变换。Ω 为与二次谐波中心角频率的失谐量。$d(z)$ 为随位置变化的非线性系数，$\mathbf{k}_2(\Omega)$ 为二次谐波波矢振幅。式（4.2.1）的积分结果为

$$E_2(2\omega_0) = \int_{-\infty}^{\infty}\mathrm{d}z'\Gamma(z')\exp[j\mathbf{k}_2(\Omega)z'] \times \int_{-\infty}^{\infty}\mathbf{E}_1(\omega_0)\mathbf{E}_1(\omega_0-\Omega')\mathrm{d}\Omega' \qquad (4.2.2)$$

其中，$\Gamma(z)=-\mathrm{j}2\pi d(z)/\lambda_1 n_2$ 为非线性耦合系数；$\mathbf{E}_1$ 和 $\mathbf{k}_1$ 分标是基波光场振幅和基波波矢量振幅；λ_1 为基波波长；n_2 是泵浦光波波长处的折射率；ω_0 为基波脉冲中心角频率。当脉冲内部群速度色散（GVD）可以忽略且基波和二次谐波在中心频率处相位匹配时，式（4.2.2）积分后可以简化为[26]

$$E(2\omega_0) = \int E(\omega_0+\Omega)E(\omega_0-\Omega)\mathrm{d}\Omega \times D(\Omega) \qquad (4.2.3)$$

其中,$E(\omega)=A(\omega)\mathrm{e}^{\mathrm{i}\phi(\omega)}$,$A(\omega)$ 和 $\phi(\omega)$ 分别为光场振幅和相位分布。对一个长度为 L 的均匀非线性介质,$D(\Omega)=\Gamma L\,\mathrm{sinc}[\gamma(\omega-\omega_0)L/2]$,它表示非线性晶体中的相位匹配条件。$\Gamma$ 为非线性耦合系数,$\gamma=1/\upsilon_{g1}-1/\upsilon_{g2}$ 是群速度为 υ_{g1} 的基波脉冲和群速度为 υ_{g2} 的二次谐波脉冲间的群速度失配(GVM)。群速度失配会引起走离(walk-off)效应。下面分别讨论:① 薄晶体中的二次谐波产生;② 厚晶体中的二次谐波产生。

4.2.1　薄晶体中的二次谐波产生

当晶体长度较小时,走离效应较小,(即 $L\ll\tau/|\gamma|$,其中 τ 为受限基波脉冲的持续时间),此时两脉冲能保持在一起产生一个具有宽带谱的短脉冲。在这种限定下,$D(\Omega)$ 远大于式(4.2.3)中的自卷积项,对于整个输入脉冲谱可近似为一常数。因此,其作用可以被忽略。这样,二次谐波谱仅受限于输入的基波脉冲谱[27]。此时,二次谐波信号可以表示为

$$E_2^{\mathrm{Thin}}\propto\int_{-\infty}^{\infty}\left|\int_{-\infty}^{\infty}E(\omega+\Omega)E(\omega-\Omega)\mathrm{d}\Omega\right|^2\mathrm{d}\omega \qquad (4.2.4)$$

利用卷积理论,上式可以表示为更直观的形式

$$E_2^{\mathrm{Thin}}=\int_{-\infty}^{\infty}I_1^2(t)\mathrm{d}t \qquad (4.2.5)$$

其中,I_1 是泵浦脉冲的时域强度函数。因此,二次谐波输出功率只与光强有关,对光场时域相位分布不敏感。这种情况类似于描述连续光作用下的双光子吸收过程的方程[28]。

4.2.2　厚晶体中的二次谐波产生及其相干控制

对于较长晶体,群速度失配很大($L\gg\tau/|\gamma|$),二次谐波脉冲走离基波脉冲,导致了二次谐波脉冲在时域的拓宽,最终窄化了频域二次谐波谱,将可能的二次谐波频率带宽限制在 $0.88/(L|\gamma|)$ 左右[25]。而许多实验要求宽带的二次谐波谱,因而这种情况在实验中通常是不希望得到的,因此,大部分实验多采用薄晶体进行。然而,我们发现,这种情况下的 GVM 对于相干控制却是有用的。图 4.2.1 示意性地给出了薄晶体和厚晶体中的二次谐波产生过程比较。

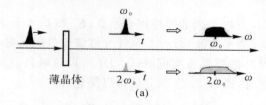

图 4.2.1　薄晶体和厚晶体中的二次谐波产生过程比较

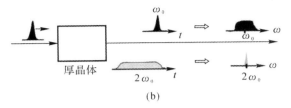

续图 4.2.1 薄晶体和厚晶体中的二次谐波产生过程比较

若考虑晶体长度很长时，以至于 $D(\Omega)$ 远小于式（4.2.3）中的自卷积项，$D(\Omega)$ 可近似为 δ 函数，即 $D(\Omega) \approx \delta(\omega - \omega_0)$，此时二次谐波输出强度为[4]

$$I_{SHG}(2\omega_0) \propto \left| \int E(\omega_0 + \Omega) E(\omega_0 - \Omega) \mathrm{d}\Omega \right|^2 \qquad (4.2.6)$$

即二次谐波强度正比于输入泵浦光场谱的自卷积。式（4.2.6）表明，频率为 $2\omega_0$ 的二次谐波场是由满足能量守恒条件（$\omega_i + \omega_j = 2\omega_0$）的基波场中所有频率对 ω_i 和 ω_j 相干叠加而成。因此，基波脉冲中的所有频率分量对二次谐波都有贡献，最终二次谐波输出由各频率分量对应的干涉通道间的干涉决定。这种情况类似于量子力学中的双光子跃迁过程的量子相干控制，即最终量子态是各种量子通道相干叠加的结果。此外，可以看到，式（4.2.6）与描述弱场作用下非共振双光子吸收过程的方程很相似。因此，可以利用脉冲整形技术通过调制相干泵浦频率间的相对相位来操控二次谐波输出。从这个角度来说，长晶体中大的群速度失配有利于二次谐波产生的相干控制。对于一给定功率谱，二次谐波输出仅依赖于输入脉冲的光谱相位，因此利用受限脉冲可以得到最大输出。可以通过对输入脉冲的整形来实现对二次谐波产生过程的相干控制。对于具有反对称相位分布的相同脉冲，即

$$\phi(\omega_0 + \Omega) = -\phi(\omega_0 - \Omega)$$

二次谐波输出不依赖于光谱相位，其结果等价于变换受限脉冲结果。此外，上式也说明二次谐波输出与晶体长度线性变化，因此，增加晶体长度也有利于提高二次谐波产生过程的效率。文献[29]实验展示了飞秒脉冲通过长晶体（$\sim$ cm）在大 GVM 情况下的高效二次谐波产生过程，用仅仅约 150 mW 平均功率的锁模钛宝石激光振荡器产生了接近 60% 的 SHG 转换效率。

4.3 二次谐波产生的光谱压缩理论

以下考虑基波脉冲光谱相位对称分布的情况，即 $\phi(\omega_0 + \Omega) = \phi(\omega_0 - \Omega)$，为简化起见，假设基波脉冲为方波，光谱振幅相同。中心频率为 ω_0，带宽为 Δ。频

率失谐量 Ω 满足

$$-\Delta/2 \leqslant \Omega \leqslant \Delta/2$$

此时,二次谐波输出仅与基波脉冲光谱相位有关。这种频域的方脉冲可以由脉冲整形技术[3,13]获得。选择光谱相位分布为二次相位

$$\phi(\omega) = \alpha (\omega - \omega_0)^2$$

式中,α 为啁啾参数,描述相位包络的曲率。此时的二次谐波场可以表示为[3]

$$E(\Omega) \propto \int_{-\frac{\Delta}{2}+\Omega}^{\frac{\Delta}{2}+\Omega} e^{i2\alpha\omega'^2} d\omega' \qquad (4.3.1)$$

式(4.3.1)是典型的菲涅耳积分形式,积分结果为

$$E(\Delta,\Omega) \propto \{c(\Delta,\Omega) + is(\Delta,\Omega)\} \qquad (4.3.2)$$

其中

$$\left.\begin{array}{l} c(\Delta,\Omega) = C[(\Delta - 2\Omega)(\alpha/\pi)^{1/2}] + C[(\Delta + 2\Omega)(\alpha/\pi)^{1/2}] \\ s(\Delta,\Omega) = S[(\Delta - 2\Omega)(\alpha/\pi)^{1/2}] + S[(\Delta + 2\Omega)(\alpha/\pi)^{1/2}] \end{array}\right\} \qquad (4.3.3)$$

C 和 S 分别为菲涅耳余弦和菲涅耳正弦函数。二次谐波强度为

$$P(\Delta,\Omega) = |E(\Delta,\Omega)|^2 \propto |c|^2 + |s|^2 \qquad (4.3.4)$$

式(4.2.7)类似于描述光场经过缝的菲涅耳衍射情况,前述已经介绍了这种类比。二次谐波强度的演化规律类似于光场在空间的宽缝菲涅耳衍射。由于基波脉冲相位由啁啾决定,所以可以通过调制啁啾或基波脉冲带宽来控制二次谐波产生过程。

二次谐波强度在中心频率 $2\omega_0$($\Omega=0$)处的极值随带宽 Δ 的演化可以表示为

$$\frac{dP}{d\Delta}\Big|_{\Omega=0} = 2(\pi/\alpha)^{1/2}\{\cos(\alpha\Delta^2/2)C[(\alpha\Delta^2/\pi)^{1/2}] + \sin(\alpha\Delta^2/2)S[(\alpha\Delta^2/\pi)^{1/2}]\}$$

$$(4.3.5)$$

当 $dP/d\Delta = 0$ 时,P 取极值。若 C 和 S 相等,则极值条件可以简化为 $\cos(\alpha\Delta^2/2) + \sin(\alpha\Delta^2/2) = 0$。由于当 $\theta = 3\pi/4 + n\pi$ 时,$\cos\theta + \sin\theta = 0$,获得了一组特殊分立带宽,即

$$\Delta_n = \pm\sqrt{(3/2 + 2n)\pi/\alpha} \quad (n = 0,1,2,3,\cdots) \qquad (4.3.6)$$

这些带宽位置对应着 P 取极值的位置。对于确定的 α,Δ_n 仅由 n 决定。将方程(4.3.6)代入 $C[(\alpha\Delta^2/\pi)^{1/2}]$ 及 $S[(\alpha\Delta^2/\pi)^{1/2}]$,发现两个函数之差在 n 取整数时为零,如图4.3.1中实心圈所示。因此,当 n 为0或正整数时,C 和 S 相等。

可以看到,两菲涅耳函数在横坐标上的交点位置相同,都对应 P 取极值的位置。P 的极大值和极小值由 $d^2P/d\Delta^2$ 的符号决定,这些取极值的位置分别如图4.3.2(b)中的空心圆圈和实心圆圈所示。当 n 分别为偶数或奇数时,$P(\Omega=0,\Delta_n)$ 取极大值和极小值。这意味着对于 n 分别为偶数或奇数时对应的的二次谐

波场具有相同相位,相邻 n 值对应二次谐波场相位差为 π。因此,可以通过组合基波频率分量和调制他们来操纵二次谐波场间的相位关系。当二次谐波场间的相位差分别等于 $2n\pi$ 或 $2(n+1)\pi$ 时,会得到相长干涉或相消干涉的二次谐波信号。

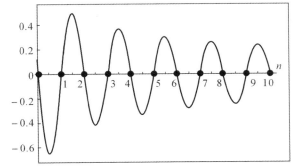

图 4.3.1 菲涅耳余弦和菲涅耳正弦函数之差随 n 的变化

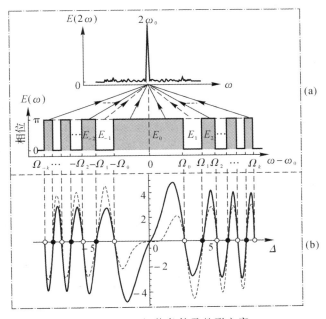

图 4.3.2 极值条件及整形方案

(a) 基于二次谐波产生强度极值条件设计的基波脉冲整形方案;

(b) 分别用菲涅耳余弦函数(实线)和菲涅耳正弦函数(虚线)表示极值条件随带宽 Δ 的演化规律

基于上述中心频率处二次谐波强度的极值条件,对于一给定的基波脉冲带宽,可以以图 4.3.2(a) 中的频率间隔来裁剪基波脉冲。基波脉冲被裁减为 $2k+$

1个频率分量,对应的相位仅为两个值,即 0 或 π,这些频率区间分别对应着二次谐波强度取极小值和极大值的带宽大小。其中,Ω_n 对应着方程(4.3.2)中的分立带宽 Δ_n。这些裁减的频率间隔是非线性的,它们由相邻的 Ω_n 值的差决定。每个裁减的频率分量对应一个二次谐波场(相位是 0 或 π)。

图 4.3.3 给出了计算的结果及对应的基波脉冲的裁减方案[30]。根据参考文献[3],用一个中心波长为 605.6 nm 的基波脉冲,在我们的理论计算中取 $\alpha = 0.55$。作为对照,图 4.3.3 中黑线表示用一个带有二次相位的方脉冲泵浦作用下所得原始二次谐波谱。图 4.3.3(a)(粗线)和 4.3.3(b)(细线)分别给出了

$$P(\Omega) \propto \left| \Sigma_k E_{\pm 2k} \right|^2 \quad (k = 0, 1, 2)$$

及

$$P(\Omega) \propto \left| \Sigma_k E_{\pm 2k} - \Sigma_k E_{\pm(2k-1)} \right|^2 \quad (k = 0, 1, 2)$$

的结果,所用基波脉冲带宽为 1.42 nm($\Delta \approx 7.37$ radTHz)。为了给出定量的结果,计算了信号的对比率 C。它是用参考文献[21-24]中总信号 S 和背景信号 B 的比值来定义的。对比率越大,背景信号越小。在用二元振幅整形方案计算二次谐波强度时,所得信号在中心频率附近有较大的背景[图 4.3.3(a)(粗线)],其对比率为 $C = 0.41$。相比之下,用二元相位整形方案所得结果在中心频率处的信号强度更大,而背景则被压缩的更小,从而得到了更大的信号对比率[图 4.3.3(b)(粗线),$C = 0.63$]。

图 4.3.3(c)(粗线)给出了 $P \propto \left| \Sigma_k E_{\pm 2k} - \Sigma_k E_{\pm(2k-1)} \right|^2 (k = 0, 1, 2, \cdots, 4)$ 的结果,所用基波脉冲带宽为 1.93 nm($\Delta \approx 10.00$ radTHz),所得对比率 $C = 0.87$。由于在 $2\omega_0$ 处包含了更多相长干涉通道,而在其他位置是相消干涉,因此是这几种结果中的最好结果。在这种情况下,二次谐波输出信号是一个低背景的中心很尖锐的信号。压缩的信号强度比原始的平均强度提高了 15 倍,线宽(半高全宽 FWHM)被压缩到原来的 2.4%。原则上,对于一给定的基波脉冲带宽,压缩的强度可以通过增加 $2\omega_0$ 处相长干涉通道(实际中,增加裁减的频率分量)数目来增强。而压缩的二次谐波信号的宽度正比于裁减的基波脉冲的频率分量的数目。

此外,压缩的信号及对应的二元相位可以用在基于超短脉冲光谱相位编码[4-5]的光通信中。例如,利用二元相位,可以将信号编码到基波脉冲中,然后利用二次谐波谱来解码信号。其基本原理是,用光谱相位编码 C_1 将超短脉冲通过编码器(如脉冲整形器)编码到发报机,编码信号之后随同来自其他用户的不同编码信号一起传输。在接收端,通过解码器用第二个光谱编码 C_2 来解码。若 C_1 和 C_2 匹配,信号被解码。否则,信号将被反射回去并被接收者忽略。而二次谐波中的相干控制方法可以作为一个光学光谱关联器用来辨识经过光谱相位编

码的波形。这些窄带、低背景的二次谐波信号及其对应的二元相位提升了超短脉冲的光谱相位关联,因此,与参考文献[4-5]中的方案相比,它们更适合用于光通信中的编码和解码处理,如图 4.3.4 所示。

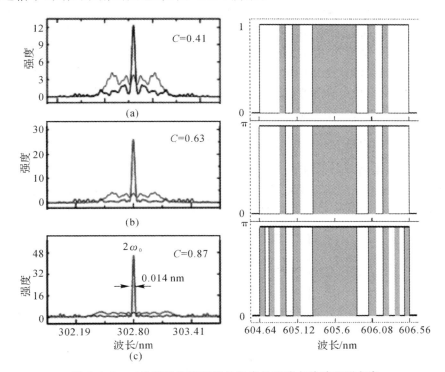

图 4.3.3　二次谐波光谱压缩及对应的泵浦方脉冲整形方案

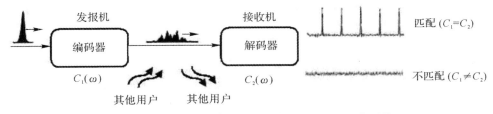

图 4.3.4　基于超短脉冲光谱相位编码的光纤光通信系统

此外,利用提出的裁减方案还可以获得其他类型的二次谐波信号。例如,如果用一个振幅掩膜,锁住对应二次谐波场为 $E_k(k=-3,-2,\cdots,2,3)$ 的中心频率分量,而仅保留两边的频率分量,并使它们的相位分别为 0 和 π,则最终的

二次谐波输出可以表示为 $P(\Omega) \propto \left| \sum\limits_{k=-10}^{k=-4} E_k - \sum\limits_{k=4}^{k=10} E_k \right|^2$。此时,在 $2\omega_c$ 处没有信号,二次谐波谱是位于中心两边的两个对称性尖峰,如图 4.3.5(b) 所示。这种情况可以通过类比单缝的菲涅耳衍射来解释。图 4.3.5(a) 中的结果表示原始的二次谐波谱,可以看到,这一结果类似于光场经过一个宽缝在空间所产生的衍射图案,而这一宽缝衍射可以认为是由两个直边衍射叠加而成。在图 4.3.5 中,整形方案用粗线示意性地画出。图 4.3.5(b) 的结果可以认为是由一个宽缝锁住中心部分后形成的两个单缝单独衍射的结果。产生的双峰的位置和峰间距由这两个缝的位置及间距决定。类似地,三峰的二次谐波谱也可以产生,如图 4.3.5(c)。此时 $P(\Omega) \propto \left| \sum\limits_{k=-10}^{k=-4} E_k - E_0 + \sum\limits_{k=4}^{k=10} E_k \right|^2$。在这些多峰的二次谐波谱中,出现了一些噪声和不想要的背景信号。原因是该裁减方案主要关注二次谐波场在中心频率处的相位关系,因此,二次谐波场在中心频率处的相位关系是确定的,而其他位置的相位关系是不确定的,导致了二次谐波场的非相干叠加。

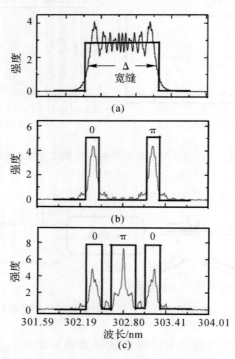

图 4.3.5　通过利用 FIBAS 和相位调制的结合产生的多峰二次谐波光谱

(注:粗线示意性的表示了基于菲涅耳单缝衍射的基波脉冲整形方案)

这些多峰的二次谐波谱信号对于选择性光子对激发过程非常重要,这种信号还可以通过利用准相位匹配(QPM)光栅结构产生[31-32]。原则上,利用该菲涅耳二元脉冲整形方案,通过适当地调制裁减的基波脉冲中不同频率分量间的相位关系可以获得各种二次谐波信号。

在以上讨论中,为了处理问题更方便,将脉冲形状简化为方波,但实际应用中还会出现高斯型、洛伦兹型等脉冲形状,特别是实验中常用到的是高斯型脉冲。因此下面将以上理论做了进一步拓展,将方波脉冲拓展为所有具有对称性分布的变换受限脉冲。在此基础上,采用高斯型变换受限脉冲进行了光谱压缩的实验验证[33]。

将二次谐波强度重新表示为

$$I_{SHG}[2(\omega_0 + \Omega)] \propto \left| \int_{-\Delta\omega/2 + \Omega}^{\Delta\omega/2 + \Omega} |A(\omega)|^2 e^{i2\alpha\omega^2} d\omega \right|^2 \quad (4.3.7)$$

式中,$\Delta\omega$ 是基频脉冲光谱的光谱宽度(全宽),$\Omega = \omega - \omega_0$ 是与中心角频率 ω_0 的失谐量。根据提出的 FIBPS 方案,对基频光谱进行裁剪的第 n 个频率波带的边界可以表示为

$$\pm\Omega_n = \pm\sqrt{[3/2 + 2(n-1)]\pi/\alpha} \quad (n=1,2,3,\cdots) \quad (4.3.8)$$

频率波带(二元相位)的总个数 $N = 2n + 1$。根据式(4.3.8),可以写出一个描述 FIBPS 的整形函数

$$FIBPS(\Omega) = \frac{\pi}{2} \left[\prod_n sgn(\Omega_n - |\Omega|) + 1 \right] \quad (4.3.9)$$

其中,sgn 为符号函数。此函数对不同的频率波带片仅取 0 或 π 两个值,相邻频率波带间的相位相差 π。通过保留偶数频率波带同时反转奇数频率波带(引入相位 π),将使两部分频率波带共同提供相干性的贡献。

现在,可以将提出的方案拓展到更一般的情况,即基频脉冲是一个变换受限的脉冲($\phi(w) \equiv 0$)且对所有具有对称性的脉冲形状均适用$[E(\omega_0 + \Omega) = E(\omega_0 - \Omega)]$。

现在来证明,提出的方案 FIBPS 本身能在频域给基频光引入二次相位因子,因而利用变换受限的基频光和使用啁啾的基频光的效果是一样的,基频光是否具有啁啾不是压缩的必要条件。

本思想起源于菲涅耳波带片在空间的相位函数[34],即

$$\phi(r) = \exp\left(-\frac{i\pi r^2}{\lambda f}\right) \quad (4.3.10)$$

其中,λ 和 f 分别表示入射光的波长和波带片的焦距。根据菲涅耳波带片的划分

方法,第 k 个波带的半径为

$$\rho_k = \sqrt{k\lambda f} \qquad (4.3.11)$$

类似地,可以将方程(4.3.8)中第 n 个频率波带的宽度写为

$$\Omega_n = \sqrt{[4n(1-1/4n)\pi]/2\alpha} = \sqrt{k'\lambda'f'} \quad (n=1,2,3,\cdots) \quad (4.3.12)$$

因此,可以得到 $k'=4n$,$\lambda'f'=[(1-1/4n)\pi]/2\alpha$。通过与方程(4.3.10)进行类比,可以将方程(4.3.9)重新表示为

$$\phi(\omega) = \exp\left(-\frac{\mathrm{i}\pi\omega^2}{\lambda'f'}\right) = \exp\left[-\frac{\mathrm{i}2\alpha\omega^2}{(1-1/4n)}\right] \qquad (4.3.13)$$

现在可以看到,当频率波带 n 趋于无穷大时,FIBPS 理论上确实能在频域引入一个负的二次相位因子 -2α(负啁啾),这类似于产生了一个菲涅耳透镜。对一个 TL 脉冲光谱施加 FIBPS,就可以使其变为啁啾参数为 -2α 的啁啾脉冲。反之,对一个啁啾参数为 2α 的啁啾脉冲光谱施加 FIBPS,啁啾就会被补偿,从而使其变为 TL 脉冲(脉冲压缩),这一现象最近已经被实验验证了[35]。在实验中,n 只需要足够大就可以,例如 $n=20$。而在之前的理论工作中,使用了啁啾参数为 a 的啁啾脉冲做为基频光,用 FIBPS 方案对基频光谱整形后(引入 -2α),基频脉冲变为啁啾参数为 $-\alpha$ 的啁啾脉冲,因此对计算结果没有影响。因此,最终的压缩结果只依赖于二次相位因子,与脉冲形状无关,对具有对称性分布的各种 TL 脉冲形状均适用。

4.4　二次谐波产生的光谱压缩实验

在二次谐波产生的光谱压缩实验前需要做以下准备工作[36]:①4f 系统的校准;②LC‐SLM 像素点与波长的对应关系;③ 基频脉冲的色散补偿。以下做具体介绍。

4.4.1　4f 系统的校准

对于一个理想配置的 4f 系统而言,光栅对不会引入额外的负色散,为了尽可能降低 4f 系统中光栅引入的色散,有必要对 4f 系统进行校准。在进行 4f 脉冲整形系统的搭建和校准时,有以下几点需要注意。

1)在大于 3 m 的长度范围确保输入脉冲的光斑高斯直径为 7～8 mm,且为严格的平行光。

2)确认输入脉冲打在光栅的中心位置,光栅位置应在柱透镜的前焦平面。

3)输入脉冲应打在柱透镜中间位置,不改变其传播方向。

4）反射式 LC‑SLM 放置在柱透镜的后焦平面上，竖直方向有一小倾角，使反射脉冲的水平位置不变，竖直位置与入射光斑略有错开。为了确认光斑水平位置是否改变，可以在系统输入端加一小光阑，用红外观察仪观察光栅上的入射光斑与反射光斑的水平位置是否一致。

在完成了整套实验系统的搭建后，利用德国 APE 公司的 PulseCheck 系列自相关仪来对脉冲时域宽度进行实时测量，通过判断输出脉冲的宽度来确定 4f 系统中光栅对引入负色散的大小。首先测量了脉冲在进入 4f 系统前的脉宽，如图 4.4.1 所示。激光器直接输出的脉宽约 133 fs，经过一些反射镜及两个 PBS 后在进入 4f 系统之前的脉宽约 169 fs，对应的二阶色散量约为 5 024 fs^2。

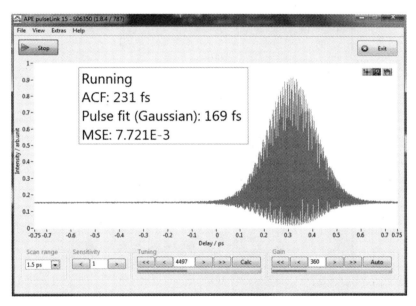

图 4.4.1　进入 4‑f 系统前脉冲的自相关信号

在完成 4f 系统的初步校准后，利用自相关仪测量得到 4f 系统输出的脉宽约为 332 fs，如图 4.4.2(a)所示。出射脉宽相比入射前脉冲被展宽了近 160 fs，此时系统中存在较多的由光栅引入的色散，需要对光栅角度和位置进行适当的调整以减小系统引入的色散。4f 脉冲整形系统中由透镜等元件引入的色散量约 900 fs^2，如果光栅对没有引入色散，输出的脉冲宽度应该为 183 fs。在实验中缓慢地调节光栅的角度并观察 4f 系统输出脉冲的脉宽变化，发现当光栅调整到某个特定角度时，4f 系统输出的脉宽约为 181 fs，如图 4.4.2(b)所示，此时的二阶色散量约 5 752 fs^2。由此可以得到由 4f 系统中光栅对引入的负色散约为

$-170\ fs^2$，实验系统近似可以认为是理想的 $4f$ 结构。

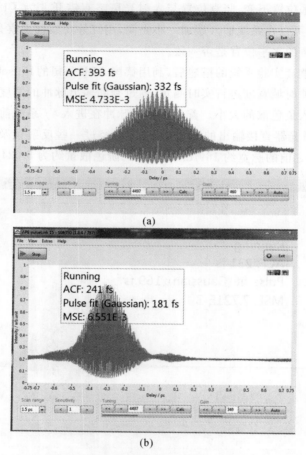

（a）

（b）

图 4.4.2　$4-f$ 系统的输出脉冲的自相关信号

（a）优化光栅前；　（b）优化光栅后

4.4.2　LC-SLM 像素点与波长的对应关系

为了能够对 LC-SLM 上各个光谱成分进行精确地调制，需要确定 LC-SLM 上每个像素点所对应光谱的波长。采用的方法是依次在几个特定像素点（第 99、199、299、399、499、599 个像素）写入最大值为 1，半高宽为 0.5 nm 的高斯型振幅调制函数，而其余像素点反射率皆为 0，在输出端用光谱仪可以依次看到几个尖峰，如图 4.4.3 所示。尖峰的中心波长依次与各像素点对应，将这几组测得的数据进行拟合，就能得到 LC-SLM 像素点与波长的对应关系。

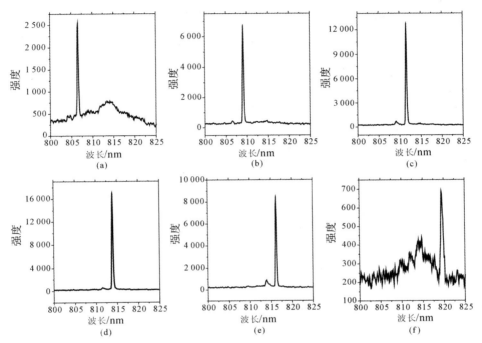

图 4.4.3 LC－SLM 各像素点对应的透射峰

(a)第 99 像素； (b)第 199 像素； (c)第 299 像素

(d)第 399 像素； (e)第 499 像素； (f)第 599 像素

从图 4.4.3 中得到的几组 LC－SLM 像素点与波长的对应关系见表 4－1。

表 4－1 LC－SLM 像素点与波长的对应关系

像素点序号	99	199	299	399	499	599
波长/nm	806.54	809.07	811.55	813.94	816.23	818.45

将表 4－1 中的数据用式(4.4.1)进行拟合[37]，得到 LC－SLM 各像素点与波长的对应关系如图 4.4.4 所示，拟合度 $R=0.996$。

$$x(\omega) = f \cdot \tan[\arcsin(2\pi c/d\omega - \sin\theta_i) - \theta_d(\omega_0)] \quad (4.4.1)$$

其中，x 表示 LC－SLM 上的水平位置，与像素点序号对应；f 为柱透镜的焦距；d 为光栅常数；θ_i 与 θ_d 分别为光栅的输入角与衍射角。

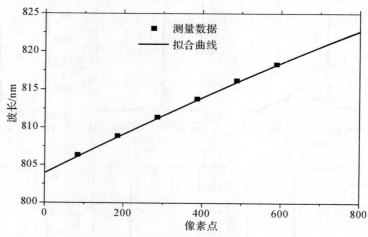

图 4.4.4　LC - SLM 像素点与波长的对应关系

4.4.3　基频脉冲的色散补偿

对于傅里叶变换受限的脉冲而言,其时域与频域有着一一对应的关系,光谱的傅里叶变换就能够给出脉冲的时域信息。然而在实验中由于各种元件的色散,所用到的脉冲往往不是傅里叶变换受限的。为了得到后期实验所需的傅里叶变换受限的基频脉冲,需要对输入的基频脉冲的色散进行补偿。采用 MIIPS方法来对脉冲的未知相位进行测量和补偿。

MIIPS 是一种基于非线性光信号(No - Linear optics,NLO)进行反馈来对脉冲的相位进行测量和补偿的方法。其基本原理如图 4.4.5 所示,在脉冲整形器(Shaper)中加入任意一补偿相位 $-f(\omega)$,经相位补偿的脉冲聚焦至非线性晶体处产生 NLO,控制程序根据反馈的 NLO 信号调整脉冲整形器中的补偿相位,得到一个新的 NLO。在如此往复几次之后,得到的 NLO 信号会达到最大值,此时输出脉冲为近似傅里叶变换受限的脉冲。

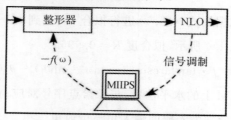

图 4.4.5　MIIPS 原理示意图

从上述讨论中可以看出,MIIPS 方法的关键步骤在于补偿相位的选取以及根据反馈的 NLO 来对补偿相位进行相应的调整,下面对 MIIPS 的具体实现方法做一简单介绍。

对一个脉冲相位 $\phi(\omega)$ 而言,其在中心频率附近的泰勒展开可以表示为

$$\phi(\omega) = \phi_0 + \phi_1(\omega - \omega_0) + \frac{1}{2}\phi_2(\omega - \omega_0)^2 + \frac{1}{6}\phi_3(\omega - \omega_0)^3 + \cdots$$

$$(4.4.2)$$

其中零阶相位 ϕ_0 决定了载波与包络的相对位置。由于脉冲宽度通常比载波周期大得多,ϕ_0 的改变对脉冲电场的影响通常可以忽略,因此一般不对 ϕ_0 进行深入研究。一阶相位 ϕ_1 对应着脉冲包络在时域的偏移,由于这里关心的是脉冲的形状而不是脉冲的到达时间,因此也不对其进行讨论。二阶及更高阶相位会影响脉冲的时域形状,而二阶相位又起了主导作用,因而 MIIPS 方法主要对二阶相位进行测量。

在 MIIPS 方法中,需要通过脉冲整形器给输入脉冲加一参考相位$-f(\omega,p)$,输出脉冲的相位

$$\Phi(\omega) = \phi(\omega) - f(\omega,p)$$

其中,$\phi(\omega)$ 为输入脉冲的未知相位,p 是可变参数,用以调整所加相位。实验中需要连续地改变参数 p,并记录输出脉冲产生的相应 NOL 光谱。在二阶微分空间内,一系列的参考相位 $f''(\omega,p)$ 可以用来确定输入脉冲未知的二阶相位 $\phi''(\omega)$:当 $f''(\omega,p)$ 与 $\phi''(\omega)$ 相等时,输入脉冲的色散刚好被参考相位所补偿,此时能够得到 NOL 信号的最大值,此时 $\Phi''(\omega) = \phi''(\omega) - f''(\omega,p_{max}) \approx 0$,$p_{max}$ 表示 NOL 信号最大时的 p 参数。

最简单的参考相位是采用二次相位 $f(\omega,p) = p(\omega - \omega_0)^2$,其二阶微分为一系列的常数 $f''(\omega,p) = p$[38],对应着线性啁啾,如图 4.4.6(a)所示[39],横坐标为频率,纵坐标为啁啾量。每一个线性啁啾值会给出一个 NOL 光谱,多个 NOL 光谱构成一个二维 MIIPS 迹图,图中黑色实线 $p_{max}(\omega)$ 即为对应着 NOL 信号的最大值。输入脉冲的相位信息可以通过找到 $p_{max}(\omega)$ 来得到,在采用线性啁啾相位作为参考脉冲的情况下 $\phi''(\omega) = f''(\omega,p_{max}) = p_{max}(\omega)$。另外还可以采用正弦形式的参考相位[20,40]

$$f''(\omega,\delta) = -\alpha\gamma^2\sin[\gamma(\omega - \omega_0) - \delta]$$

其中 α、γ 为比例常数,δ 为可变参数。用正弦参考相位得到的二维 MIIPS 迹图如图 4.4.6(b)所示(扫描范围为 $0 \sim \pi$),图中虚线为所加的各参考相位,黑色实线对应 NOL 信号最大值。当扫描范围扩展到 2π 时,能够扫出两个分立的MIIPS 迹图。如果脉冲是傅里叶变换受限的,这两个 MIIPS 迹图形状完全相同,水平间隔为 π。如果脉冲中含有群速度色散 GVD,两迹图之间的间隔会发生改变;如果脉冲中含有三阶色散,两迹图的斜率会产生差异。

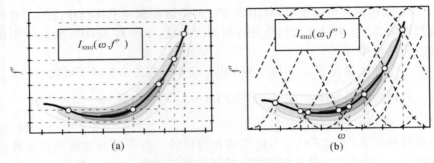

图 4.4.6　MIIPS 迹示意图

（a）二次参考相位；（b）正弦参考相位[38]

　　从上述讨论可以看出，采用二次参考相位最为方便，而正弦参考相位更利于判断脉冲是否压窄至傅里叶变换受限。因此在本章的实验中，首次扫描采用了二次参考相位，在大致确定脉冲的色散量后，第二及第三次扫描均采用正弦参考相位，以便对脉冲相位进行精确测量并进行色散补偿。实验测得的 MIIPS 迹如图 4.4.7 所示。

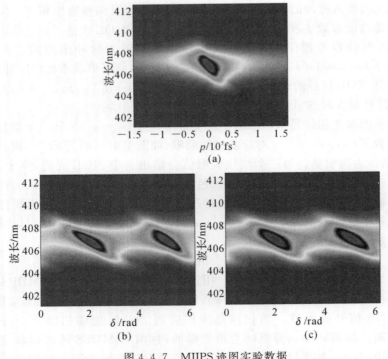

图 4.4.7　MIIPS 迹图实验数据

（a）第一次扫描；（b）第二次扫描；（c）第三次扫描

可以看到图4.4.7(b)中两个分立的 MIIPS 迹图形状还略有差别,而在图 4.4.7(c)中第三次扫描得到的两个分立的 MIIPS 迹图形状已经基本一致,并且 斜率也基本相同,可以认为已经基本补偿了输入脉冲的二阶及三阶色散。通过 对二次相位进行积分,还能够给出输入脉冲的相位信息。图4.4.8给出了第一 至第三次扫描时输出脉冲的二次相位以及相位信息。可以看到在第三次扫描之 后输出脉冲的相位已经近似等于零。

脉冲相位在频域内的改变最终会影响到其在时域的形状,对于结合输出脉 冲的光谱以及测量到的相位信息,经过傅里叶变换就能给出脉冲的时域形状。 图4.4.9给出了在进行 MIIPS 色散补偿前后脉冲的时域信息,脉宽从183.1 fs 压窄到了121.6 fs。

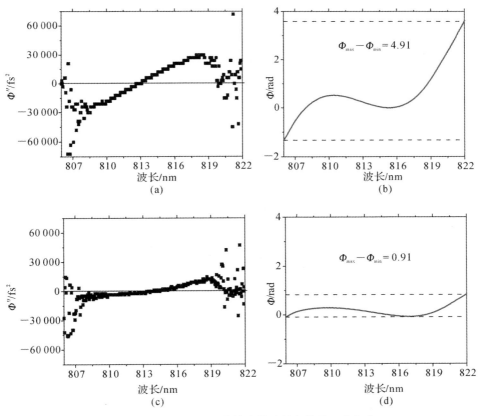

图 4.4.8　MIIPS 过程中输出脉冲的相位及二次相位

(a)第一次扫描的二次相位;　(b)第一次扫描的相位;

(c)第二次扫描的二次相位;　(d)第二次扫描的相位;

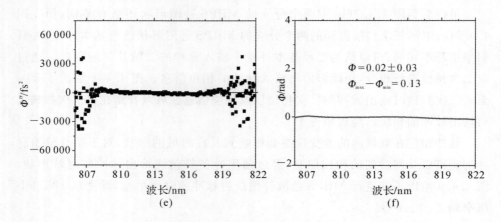

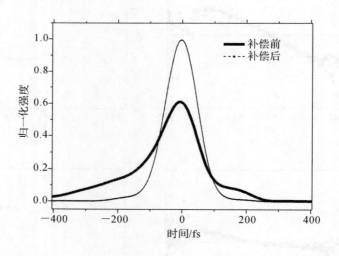

续图 4.4.8　MIIPS 过程中输出脉冲的相位及二次相位
（e）第三次扫描的二次相位；（f）第三次扫描的相位

图 4.4.9　色散补偿前后脉冲的时域信息

4.4.4　二次谐波产生的光谱压缩实验

现在,以 TL 高斯型脉冲为例进行 SHG 光谱压缩的实验验证[33]。为方便起见,将用波长代替角频率来表示实验结果。根据实验条件,在图 4.4.10 中画出了 $n=7,11,21$ 三种情况下对高斯型基频光谱的 FIBPS 整形方案。

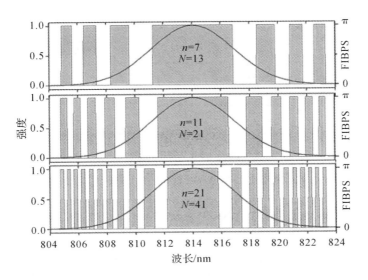

图 4.4.10　高斯型基频脉冲的 FIBPS 整形方案

　　实验装置如图 4.4.11 所示。基频光来自商业钛宝石激光器（Fusion 100 - 1200，FEMTOLASERS），中心波长 814 nm，线宽（半高全宽 FWHM）7 nm，脉宽约为 135 fs，重复频率 75 MHz。经过一对薄透镜准直后，基频光进入 4 - f 脉冲整形系统（MIIPS - HD，Biophotonic）。半波片 HWP1 用来改变基频光的偏振态，从而使其在通过脉冲整形器中的光栅时获得最大的衍射效率。在脉冲整形器的傅里叶平面中放置的是像素点为 792 的反射型液晶空间光调制器（LCOS - SLM，X10468 - 2，Hamamatsu）。入射基频光的不同频率成分将会通过光栅在空间散开，之后通过柱透镜准直后进入空间光调制中进行相位整形。整形后的脉冲在与入射脉冲垂直方向的上方输出，经 4 次反射后通过半波片 HWP2。整形后的光束通过光阑可以把不需要的 0 阶衍射光从 1 阶衍射光中滤掉，之后聚焦进 0.5 mm 厚的 bismuth borate（BIBO）晶体进行 SHG。调节半波片 HWP2 可以优化 SHG 的产生效率。经滤波片过滤掉多余的基频光后，产生的二次谐波聚焦进入分辨率为 0.02 nm 的光谱仪（HR4000，Ocean Optics Inc.）。需要说明的是，实验前首先需要通过测量基频光谱进行波长和像素点对应关系的校准。此外，为了确定基频脉冲进入整形器之前的相位，需要用 MIIPS方法进行相位补偿。因此，实验中是将 FIBPS 和补偿的相位一起施加到 SLM上，而设计的相位函数可以直接写入整形器自带的计算机软件中。通过控制SLM 的像素点的电压进而调制其折射率来引入需要加的相位。

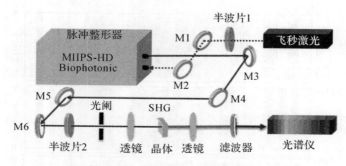

图 4.4.11　实验装置（M：反射镜）

图 4.4.12 给出了与图 4.4.10 中整形方案对应的三种情况：（a）$n=7$（$N=13$），（b）$n=11$（$N=21$），（c）$n=21$（$N=41$）相对应的 SHG 光谱压缩结果。为了方便比较，对图中的 SHG 光谱均做了相对于 TL 二次谐波强度（图中虚线）的归一化处理。实验得到的压缩后的二次谐波光谱带宽（半高全宽，FWHM）分别为 0.393 nm，0.249 nm，0.161 nm；对应的相对峰值强度分别为 73.0%，65.8%，56.1%。为了估算相对于 TL 的压缩后的二次谐波光谱总强度，计算了图 4.4.12 中压缩光谱曲线下的面积。$n=7,11,21$ 三种情况下对应的面积分别为 $A_7=0.425$，$A_{11}=0.271$，$A_{21}=0.183$；它们与 TL（$A_{TL}=1.928$）时面积的比例分别为 21.4%，14.1%，9.5%。这说明，N 越大，压缩后的 SHG 光谱线宽越窄，但光谱强度也会更小。图 4.4.12（c）是所得最好的实验结果，其线宽仅为 0.161 nm，而 TL 时的线宽 1.819 nm 是它的 11.3 倍。实验中基频光谱的全宽 $\Delta\lambda_{FW}$ 为 18.674，范围为 804.648～823.322 nm 之间，对应的 $\Delta\omega=5.315\times10^{13}$ rad/s。$n=7,11,21$ 三种情况下对应的啁啾参数分别为 $2\alpha_1=300\ 23$ fs^2，$2\alpha_2=478\ 15$ fs^2，$2\alpha_3=922\ 93$ fs^2。图中的点表示实验结果，线表示理论计算结果，可以看到，理论计算结果与实验结果吻合得很好。

需要说明的是，第 3 章中曾提到，利用二元振幅调制（FIBAS），也能用于 SHG 光谱压缩，实验结果如图 4.4.12（d）所示。在其他实验参数不变的情况下，相比于 FIBPS，用 FIBAS 方法压缩后的 SHG 光谱带宽更大、强度更小、背景更大。

在第 3 章中，通过理论计算证明了相位裁剪方法要优于 Broers 的方法。以下对此做了实验验证，实验结果如图 4.4.13 所示。作为例子，给出了 $n=7$（$N=13$）时的实验结果，方点和三角点分别表示利用该方法和 Broers 的方法得到的实验结果。线代表对应的理论结果。利用该方法得到的压缩后的光谱线宽为 0.368 nm，相对峰值强度为 74.9%，而 Broers 的方法得到的压缩后的光谱线宽为 0.587 nm,相对峰值强度为 64.5%,表明此方法的确要优于 Broers 的方法。这是由于该裁剪方法让裁剪的各频率波带间的相位关系更为精准。图 4.4.13 插图还给出了两种方法所得压缩带宽随频率波带个数 n 的变化规律。可以看到,当 n 较小时,此方法要明显优于 Broers 的方法,但随着 n 的增加,两种方法最终所得压缩效果趋于一致。

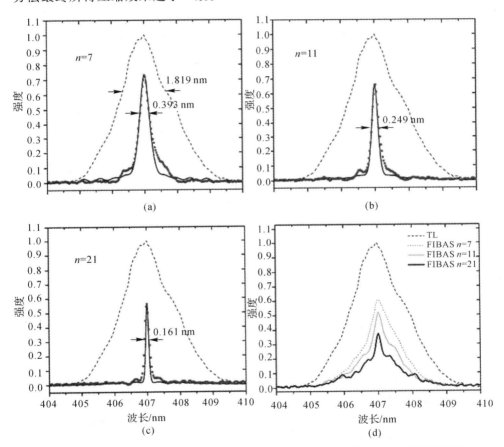

图 4.4.12　用 FIBPS 整形方案在 0.5 mmBIBO 晶体中产生的 SHG 光谱压缩结果
(a)n=7；　(b)n=11；　(c)n=21；　(d)用 FIBAS 方法压缩结果作为对照

　　实验结果和理论结果出现略微差异的原因主要有以下几方面。其一,尽管利用 MIIPS 方法可以补偿大多数基频脉冲的原始相位,但仍然会有少量残余的未被补偿的相位,从而会导致实验误差。其二,由于脉冲整形器整形精度的限制,设计的二元相位与 SLM 的像素点不是精确一致的,随着 N 的增加,这种不一致性会变的更加突出。这也是图 4.4.12 中随着 N 的增加压缩强度逐渐减小的主要原因之一。经测试,$n=31(N=61)$ 时的 SHG 光谱压缩实验(书中未给出图)获得的 SHG 强度比 $n=21$ 时的更小,而压缩后的带宽反而比 $n=21$ 时的要稍宽,这与理论预言的趋势是违背的。原因就是此时这种不一致性变得很突出,导致误差变大,影响了实验结果。相信随着 SLM 的制作工艺的改进和整形精度的进一步提高,这种误差将逐渐被消除掉。其三,SLM 中的像素点是分立的,相邻像素点之间的间隙为 $0.4~\mu m$。由于通过这些间隙的光场(约 2%)没有被调制,因此这部分能量就损失了,影响了压缩效果。因此,实际实验中,要根据实验条件和压缩要求,合理的选择 N 的值来获得满意的压缩效果。

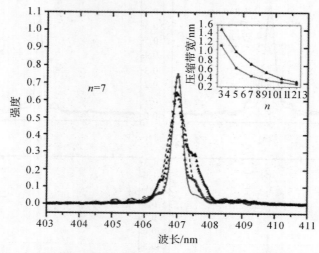

图 4.3.13　两种方法(三角点)实验所得 SHG 光谱压缩结果的比较

(注:线代表对应的理论结果。插图表示两种结果所得压缩带宽随波带片个数 n 的变化)

尽管只给出了基频脉冲为高斯型的 SHG 光谱压缩的实验结果,但从上面的分析可知,FIBPS 方法对所有具有对称性的脉冲形状,如方波、洛伦兹和双曲正割等均适用。这是因为 FIBPS 方法只与二次相位有关而与脉冲振幅无关。此外,基于此前的理论分析,由于 FIBPS 能在频域引入二次相位因子(负啁啾),因此基频脉冲可以是 TL 脉冲,也可以是啁啾脉冲。若输入脉冲并非二次相位的啁啾脉冲,而是有其他任意相位,则可以通过 MIIPS 方法先将其补偿变为 TL 脉冲后,再进行 SHG 光谱压缩实验。因此,FIBPS 不仅能实现 SHG 的光谱压缩,还可以用于解决与二次相位因子有关的色散补偿等其他领域,如啁啾脉冲压缩、啁啾纠缠光子对的时域压缩等。这些内容将在下面的叙述中具体阐述。根据式(4.3.8),在基频光谱带宽一定的情况下,与 FIBPS 引入色散量相关的啁啾参数 α 正比于频率波带片个数 n,因此,可以只通过改变 n 的大小来方便地调节引入所需的色散量。但由于只取正整数,所以这种调节是分立的,不连续的。

为了展示本方法的普遍适用性,用 $10-\mu m$ BBO 晶体做了 $n=11,21$ 时 SHG 光谱压缩实验,获得了同样的压缩效果。然而,由于相位匹配带宽的拓宽,短晶体获得的压缩带宽比长晶体获得的压缩带宽更宽。此外,由于 SHG 强度与晶体的长度呈线性增加的关系[4],短晶体获得的压缩强度小于长晶体获得的压缩强度。因此,在实际的应用中,应该尽量选择长晶体来做 SHG 光谱压缩实验从而获得更窄的压缩带宽和更高的信号强度。

4.5 小 结

本章借用量子力学中的相干控制方法研究了二次谐波产生过程。比较了薄晶体和厚晶体两种情况下超短脉冲泵浦的二次谐波产生过程,指出采用厚晶体在大 GVM 情况下,二次谐波产生过程可以利用调制各通道间干涉的方式进行相干控制。利用提出的 FIBPS 方案理论上得到了完美压缩的窄带底背景二次谐波光谱。此外,将提出的 FIBPS 方案拓展到所有具有对称性的变换受限脉冲,并利用高斯型变换受限脉冲做了实验验证。这些结果可以应用于高精度非线性光谱、显微及信息编码等领域。在研究二次谐波产生问题中,只在中心频率处压缩了谐波信号。而实际中需要的输出频率是多样化的,如何在任意设想的频率处获得背景压缩的二次谐波信号,并实现可调谐的窄带信号输出[41]是值得进一步研究的课题。

参 考 文 献

[1] FRANKEN P A, HILL A E, PETERS C W, et al. Generation of optical harmonics[J]. Physical Review Letters, 1961, 7(4):118 - 119.

[2] HUM D S, FEJER M M. Quasi - phasematching[J]. Comptes Rendus Physique, 2007, 8(2):180 - 198.

[3] BROERS B, NOORDAM L D, VAN DEN HEUVELL H B L. Diffraction and focusing of spectral energy in multiphoton processes[J]. Physical Review A, 1992, 46(5):2749.

[4] ZHENG Z, WEINER A M. Spectral phase correlation of coded femtosecond pulses by second - harmonic generation in thick nonlinear crystals[J]. Optics letters, 2000, 25(13):984 - 986.

[5] ZHENG Z, WEINER A M. Coherent control of second harmonic generation

using spectrally phase coded femtosecond waveforms[J]. Chemical Physics, 2001, 267(1):161-171.

[6] WNUK P, RADZEWICZ C. Coherent control and dark pulses in second harmonic generation[J]. Optics Communications, 2007, 272(2):496-502.

[7] MESHULACH D, SILBERBERG Y. Coherent quantum control of multiphoton transitions by shaped ultrashort optical pulses[J]. Physical Review A, 1999, 60(2):1287.

[8] MESHULACH D, SILBERBERG Y. Coherent quantum control of two-photon transitions by a femtosecond laser pulse[J]. Nature, 1998, 396 (6708):239-242.

[9] DAYAN B, Pe'ER A, FRIESEM A A, et al. Two photon absorption and coherent control with broadband down-converted light [J]. Physical review letters, 2004, 93(2):023005.

[10] WOLLENHAUPT M, ENGEL V, BAUMERT T. Femtosecond laser photoelectron spectroscopy on atoms and small molecules: prototype studies in quantum control. [J]. Annual Review of Physical Chemistry, 2005, 56:25-56.

[11] SILBERBERG Y. Quantum coherent control for nonlinear spectroscopy and microscopy[J]. Annual review of physical chemistry, 2009, 60: 277-292.

[12] BRIF C, CHAKRABARTI R, RABITZ H. Control of quantum phenomena: past, present and future[J]. New Journal of Physics, 2010, 12(7):075008.

[13] WEINER A M. Ultrafast optical pulse shaping:A tutorial review[J]. Optics Communications, 2011, 284(15):3669-3692.

[14] HACHÉ A, KOSTOULAS Y, ATANASOV R, et al. Observation of coherently controlled photocurrent in unbiased, bulk GaAs [J]. Physical review letters, 1997, 78(2):306.

[15] AESCHLIMANN M, BAUER M, BAYER D, et al. Adaptive subwavelength control of nano-optical fields[J]. Nature, 2007, 446(7133):301-304.

[16] WALOWICZ K A, PASTIRK I, LOZOVOY V V, et al. Multiphoton intrapulse interference. 1. Control of multiphoton processes in condensed phases[J]. The Journal of Physical Chemistry A, 2002, 106 (41): 9369-9373.

[17] LOZOVOY V V, PASTIRK I, WALOWICZ K A, et al. Multiphoton

intrapulse interference. II. Control of two - and three - photon laser induced fluorescence with shaped pulses[J]. The Journal of Chemical Physics，2003，118(7):3187 - 3196.

[18] DELA CRUZ J M，PASTIRK I，LOZOVOY V V，et al. Multiphoton intrapulse interference 3:Probing microscopic chemical environments [J]. The Journal of Physical Chemistry A，2004，108(1):53 - 58.

[19] PASTIRK I，DELA CRUZ J，WALOWICZ K，et al. Selective two - photon microscopy with shaped femtosecond pulses[J]. Optics express，2003，11(14):1695 - 1701.

[20] LOZOVOY V V，PASTIRK I，DANTUS M. Multiphoton intrapulse interference. IV. Ultrashort laser pulse spectral phase characterization and compensation[J]. Optics letters，2004，29(7):775 - 777.

[21] COMSTOCK M，LOZOVOY V，PASTIRK I，et al. Multiphoton intrapulse interference 6; binary phase shaping[J]. Optics express，2004，12(6):1061 - 1066.

[22] LOZOVOY V V，SHANE J C，XU B，et al. Spectral phase optimization of femtosecond laser pulses for narrow - band, low - background nonlinear spectroscopy[J]. Optics express，2005，13(26):10882 - 10887.

[23] LOZOVOY V V，XU B，SHANE J C，et al. Selective nonlinear optical excitation with pulses shaped by pseudorandom Galois fields [J]. Physical Review A，2006，74(4):041805.

[24] LOZOVOY V V，DANTUS M. Systematic control of nonlinear optical processes using optimally shaped femtosecond pulses [J]. ChemPhysChem，2005，6(10):1970 - 2000.

[25] GLENN W. Second - harmonic generation by picosecond optical pulses [J]. IEEE Journal of Quantum Electronics，1969，5(6):284 - 290.

[26] IMESHEV G，ARBORE M A，FEJER M M，et al. Ultrashort - pulse second - harmonic generation with longitudinally nonuniform quasi - phase - matching gratings:pulse compression and shaping[J]. Journal of the Optical Society of America B，2000，17(2):304 - 318.

[27] RICHMAN B A，BISSON S E，TREBINO R，et al. Efficient broadband second - harmonic generation by dispersive achromatic nonlinear conversion using only prisms[J]. Optics letters，1998，23(7):497 - 499.

[28] ZHENG Z，SHEN S，SARDESAI H，et al. Ultrafast two - photon

absorption optical thresholding of spectrally coded pulses[J]. Optics communications, 1999, 167(1):225 - 233.

[29] WEINER A M, KAN'AN A M, LEAIRD D E. High - efficiency blue generation by frequency doubling of femtosecond pulses in a thick nonlinear crystal[J]. Optics letters, 1998, 23(18):1441 - 1443.

[30] LI B, XU Y, ZHU H, et al. Spectral compression and modulation of second harmonic generation by Fresnel - inspired binary phase shaping[J]. Journal of the Optical Society of America B, 2014, 31(10):2511 - 2515.

[31] CHOU M H, PARAMESWARAN K R, FEJER M M, et al. Multiple - channel wavelength conversion by use of engineered quasi - phase - matching structures in LiNbO$_3$ waveguides[J]. Optics letters, 1999, 24(16): 1157 - 1159.

[32] IMESHEV G, FEJER M M, GALVANAUSKAS A, et al. Generation of dual - wavelength pulses by frequency doubling with quasi - phase - matching gratings[J]. Optics letters, 2001, 26(5):268 - 270.

[33] LI B H, DONG R F, ZHOU C H, et al. Theoretical extension and experimental demonstration of spectral compression in second - harmonic generation by Fresnel - inspired binary phase shaping[J]. Physical Review A, 2018, 97(5):053806.

[34] SAKDINAWAT A, LIU Y. Soft - X - ray microscopy using spiral zone plates[J]. Optics letters, 2007, 32:2635.

[35] VADIM V L, MUATH N, MARCOS D. Binary - phase compression of stretched pulses[J]. Journal of Optics, 2017, 19:105506.

[36] 周聪华. 飞秒脉冲时域微分技术实验研究[D]. 北京:中国科学院大学(中国科学院国家授时中心),2017.

[37] TANABE T, TANABE H, TERAMURA Y, et al. Spatiotemporal measurements based on spatial spectral interferometry for ultrashort optical pulses shaped by a Fourier pulse shaper[J]. Journal of the Optical Society of America B Optical Physics, 2002, 19 (11): 2795 - 2802.

[38] LOZOVOY V V, XU B, COELLO Y, et al. Direct measurement of spectral phase for ultrashort laser pulses. [J]. Optics Express, 2008, 16(2):592.

[39] COELLO Y, LOZOVOY V V, GUNARATNE T C, et al.

Interference without an interferometer: a different approach to measuring, compressing, and shaping ultrashort laser pulses [J]. Journal of the Optical Society of America B, 2008, 25(6).

[40] XU B, GUNN J M, CRUZ J M D, et al. Quantitative investigation of the multiphoton intrapulse interference phase scan method for simultaneous phase measurement and compensation of femtosecond laser pulses[J]. Journal of the Optical Society of America B, 2006, 23 (4):750 - 759.

[41] SIQUEIRA J P, de OLIVEIRA A R, MISOGUTI L, et al. Tunable second harmonic generation by phase - modulated ultrashort laser pulses[J]. Applied Physics B, 2012, 108(4):727 - 731.

第 5 章
啁啾纠缠光子对的时域压缩

5.1 引 言

许多非经典的应用要求纠缠光源必须具有宽带的带宽。各种产生这种宽带纠缠光源的方法已经提出并实验实现[1-6]。另外一种广泛采用的方法是利用一个啁啾准相位匹配[7]非线性晶体通过自发参量下转换(SPDC)过程来产生超宽带的纠缠光子对。这种光子对被称为啁啾纠缠光子对(chirped biphotons)[8-17]。这些光子对能获得超窄[9-10]的 Hong-Ou-Mandel(HOM)凹陷(dip)[19]量子干涉结果,在高精度量子相干层析(QOCT)、[8]大带宽量子信息处理[20-21]等领域有重要的应用。然而,宽带纠缠光子对并不意味着其关联时间(纠缠时间)很短,尽管这个逆过程是正确的。由于二次相位因子的存在,以这种方式产生的时域光子对波包不是傅里叶变换受限的,所以尽管纠缠光子对的谱很宽,但其关联时间并不是很短[9]。这种情况类似于脉冲形状和它的谱宽的关系,即一个宽带的啁啾脉冲时域时间并不是很短,而一个时域短脉冲一般对应着宽带的谱。

为了提高啁啾纠缠光子对的时间关联,很多研究小组针对这一科学问题展开了研究。目前,这方面研究主要由美国斯坦福大学的 Harris 小组、意大利国家计量院 Brida 和俄罗斯莫斯科大学的 Shumilkina 小组及日本 Takeuchi 研究小组展开。国内暂时还没有与这方面相关的研究报道。其中,Harris[13-14]曾提出一种利用相位补偿方案从而满足傅里叶变换极限,实现了啁啾纠缠光子对的时域压缩。后来,Brida[16-18]等通过利用光纤的色散补偿方法实现了啁啾纠缠光子对波包的时域压缩。而日本 Takeuchi[15]研究小组根据 Harris 相位补偿思想,利用一个棱镜对实现了压缩目标。压缩后的超短纠缠光子对波包(甚至可以获得单个光学周期(single-cycle)的光子对),关联时间达到飞秒量级)具有极强的时间关联特性,在诸如量子度量衡[22]、量子平板印刷[23]、非经典光的双光子吸收[24-25]、量子时钟同步[26]等领域有潜在的应用价值。然而,上述方案存在以下局限性:①光子对关联时间及其演化强烈地依赖于色散介质(如光纤)的长度,只有在特定长度位置才能完美压缩光子对;②色散介质中的高阶色散项会降低压缩的效果[16];③光子对在介质中传输时会出现信号损耗。

因此,针对这些问题,如何提出新的理论来解决这一问题,同时又能避免上述缺陷,已成为推广啁啾纠缠光子对应用时必须要解决的科学问题。对纠缠光子对的整形与调制可以实现人为地操纵量子态。早在 2003 年就有研究者提出纠缠光子对的非定域整形[27]。如今已出现了很多整形和调制的方法,主要归纳为以下三方面:①对泵浦光场进行操作(前处理)。Alejandra Valencia 小组[28]通过调控空间泵浦光场高斯线型的束腰实现了对纠缠光子对的人为操纵。②对非线性晶体的操作(中处理)。通过对非线性晶体准相位匹配结构的设计可以实现各种量子光源。2012 年南京大学祝世宁研究团队通过设计非线性晶体准相位匹配结构,在理论上产生了具有纠缠特性的锁模频率梳[29]。③对产生的纠缠光场的操作(后处理)。通过对产生的纠缠光场的后期处理(如滤波,调制,整形等)可以实现纠缠光子对的人为操控。其中比较著名的是 2005 年由 Silberberg 研究小组[30]报道的利用脉冲整形技术[31]实现纠缠光子对时域整形的思想,后来,这种方法被称为纠缠光子对脉冲整形(biphoton pulse shaping)。如今这种方法已经在实验上被广泛实践和应用[32-36]。

本书基于这种技术来实现啁啾纠缠光子对时域波包的压缩。此想法来自一个基本的物理原理,即在经典光学中,一个凹透镜会对入射的单色平面波附加一个二次空间相位因子,从而使其变为一个发散的球面波;而该二次相位因子再通过一个适当的凸透镜后会被消除掉,从而使发散的球面波重新变为单色的平面波。通过类比的方法,可以认为在啁啾准相位匹配晶体中通过自发参量下转换产生纠缠光子对的过程是经过了一个"凹透镜"而给光子对光谱振幅引入了一个频率二次相位因子,从而导致光子对不是傅里叶变换受限的。如果能找到一个频域的"凸透镜",就可以消除该二次项,从而压缩纠缠光子对使其变成傅里叶变换受限的。因此,目标就是要找到这样的一个频域"凸透镜"。而菲涅耳波带片就具有这样的类似透镜的功能。而在制作菲涅耳波带透镜的过程中,最关键的是如何划分菲涅耳波带。

基于菲涅耳半波带的思想[37-38],提出了一种利用 FIBPS 方案并利用脉冲整形技术来裁剪宽带的光子对谱。通过对光子对谱应用二元相位掩膜,等效地制备出了一个频域的菲涅耳波带透镜。这样就可以消除二次频率相位因子,从而将宽带的啁啾纠缠光子对时域波包压缩成傅里叶变换受限的。此外,利用该方案通过适当的整形光子对谱,可以产生双峰或多峰的光子对关联序列。

本方法实现了纠缠光子对波包的完美压缩,压缩的效果和用相位补偿方法的效果一样。本方案还具有以下优点:①脉冲整形技术已经发展成为一门很成熟的技术,因此在实验中可以灵活的操作和实现;②这种方案能拓展到涉及二次相位的各种领域,例如双光子吸收,二次谐波产生;③此脉冲裁剪方案也可以用在量子度量衡、量子平板印刷及纠缠光子对编码等领域。

5.2　啁啾纠缠光子对的产生及其量子特性

本节介绍啁啾纠缠光子对的产生方法、相干特性及其时间关联特性。

5.2.1　啁啾准相位匹配技术

非线性光学参量过程只有满足相位匹配条件时才能有效的发生。当不满足相位匹配条件时,可以通过准相位匹配(Quasi Phase Matching,QPM)技术[7]来弥补。它是通过对非线性介质(晶体)进行周期或非周期电极调制,人为修正参与非线性相互作用光波间的相对相位,使其满足相位匹配,达到增强非线性相互作用效率的一种常用手段。其中被广泛采用的一种非周期电极调制的准相位匹配方案叫做啁啾准相位匹配(chirped – QPM)[8],如图 5.2.1 所示,晶体被分段施加反向电极,上下箭头表示电极的方向。选择电极周期 $\Lambda(z)$ 使得其对应的空间频率 $2\pi/\Lambda(z)$ 是线性啁啾的,且使晶体的左端对红光相位匹配而在右侧末端对蓝光相位匹配。由于在晶体的不同位置可以同时满足相位匹配条件,因而可以产生超宽带的纠缠光子对。

自发参量下转换(SPDC)

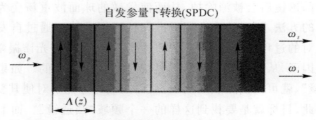

啁啾准相位匹配(chirped-QPM)晶体

图 5.2.1　在啁啾准相位匹配晶体中通过自发参量下
转换产生啁啾纠缠光子对的示意图

5.2.2　啁啾纠缠光子对的产生及其量子特性

考虑光子对是由一泵浦角频率为 ω_p 的单色光经自发参量下转换产生而来,相位匹配为 Ⅱ 型,共线且频率简并,信号光 s 和闲置光 i 中心频率均为 $\omega_0 = \omega_p/2$。描述这一过程的纠缠光子对波函数可以表示为[39]

$$|\psi\rangle = \int F(\Omega) |\omega_0 + \Omega\rangle_s |\omega_0 - \Omega\rangle_i \mathrm{d}\Omega \qquad (5.2.1)$$

其中,Ω 是角频率关于中心频率 ω_0 的偏移量。$|\omega\rangle_{s(i)}$ 代表信号频率为 ω 的信号(闲置)光子态。光子对光谱振幅(TPSA)$F(\Omega)$ 决定了光子对的所有光谱及时间特性,本身无法通过实验测量,但其模方给出了光子对频率谱,可以实验直接测量得到。纠缠光子对间的关联特性由 Glauber 二阶关联函数 $G^2(\tau)$[40] 描述,它可以表示为光子对时域振幅(TPTA)的模方

$$G^2(\tau) = |\psi(\tau)|^2 = \left|\int F(\Omega) e^{i\Omega\tau} d\Omega\right|^2 \tag{5.2.2}$$

其中,τ 是信号和闲置光子间的相对延迟时间。对一个统计静止源,$G^2(\tau)$ 仅依赖 τ 并可以通过基于和频产生[30,34]的超快符合探测直接测量得到。其宽度给出了光子对关联时间即光子对纠缠时间。TPSA 可以写为

$$F(\Omega) \propto \int_{-\frac{L}{2}}^{\frac{L}{2}} \chi^{(2)}(z) e^{i\Delta k(\Omega)z} dz \tag{5.2.3}$$

式中,$\Delta k(\Omega) = k_p - k_s - k_i$ 是纵向相位失配。$k_r = \omega_r n(\omega_r, T)/c$ ($r = p, s, i$) 分别是泵浦光、闲置光、信号光场的波矢量。L 是非线性晶体的长度,c 为真空中的光速。折射率 $n(\omega_r, T)$ 可以通过 Sellmeier 方程计算得到。

现在考虑一个啁啾准相位匹配的非线性晶体。晶体的二阶极化率 $\chi^{(2)}$ 是 z 的函数:$\chi^{(2)}(z) = \chi_0 e^{iK(z)z}$,$\chi_0$ 是一常数。逆光栅矢量 K 是坐标 z 的线性函数 $K(z) = K_0 - \alpha z$,其中,α 是啁啾参数,代表线性啁啾的程度。K_0 满足条件:$k_p - k_s(\omega_0/2) - k_i(\omega_0/2) - K_0 = 0$。TPSA 变为

$$F(\Omega) \propto \int_{-\frac{L}{2}}^{\frac{L}{2}} e^{i\Delta k(\Omega)z - i\alpha z^2} dz = e^{i\Delta k^2(\Omega)/4\alpha} \int_{-\frac{L}{2}-a}^{\frac{L}{2}-a} e^{-i\alpha\zeta^2} d\zeta \tag{5.2.4}$$

其中,$\zeta = z - a$,$a = \Delta k(\Omega)/2\alpha$。可以看到,方程(5.2.4)是著名的菲涅耳积分形式。在表示晶体色散关系时只考虑光场的一阶近似就足够了[16]。此时,相位失配能写为频率失谐 Ω 的线性项,即 $\Delta k = -\Omega D$,其中 $D = (1/u_s - 1/u_i)$ 为信号光和闲置光群速度倒数之差。于是,方程(5.2.4)变为

$$F(\Omega) \propto e^{i\Omega^2 D^2/4\alpha} \{c(\Omega, L) - is(\Omega, L)\} \tag{5.2.5}$$

其中,

$$\left.\begin{array}{l} c(\Omega) = \sqrt{\pi/2\alpha} \{C[(L - 2a)\sqrt{\alpha/2\pi}] + C[(L + 2a)\sqrt{\alpha/2\pi}]\} \\ s(\Omega) = \sqrt{\pi/2\alpha} \{S[(L - 2a)\sqrt{\alpha/2\pi}] + S[(L + 2a)\sqrt{\alpha/2\pi}]\} \end{array}\right\} \tag{5.2.6}$$

C 和 S 分别为菲涅耳余弦和菲涅耳正弦函数。由方程(5.2.5)可以看到,光子对光谱振幅表示为菲涅耳函数的形式,并不是利用直接的现象方法所获得的误差函数表示形式[12,16]。

基于方程(5.2.5)和(5.2.6),光子对光谱强度可以表示为

$$P(\Omega) \propto |F(\Omega)|^2 \propto c(\Omega)^2 + s(\Omega)^2 \tag{5.2.7}$$

可见,光子对光谱强度与光子对光谱振幅的相位无关。图 5.2.2 是理论计算给出的晶体长度一定时不同啁啾参数下啁啾纠缠光子光谱分布。可以看到,随着啁啾参数的增加,纠缠光谱被逐渐展宽。因此,可以通过啁啾 QPM 晶体产生超宽带的纠缠光谱。当啁啾参数很大时,光谱强度的分布类似于由两个直边衍射叠加而成的宽缝菲涅耳衍射,如图 5.2.2(c) 所示。根据方程(5.2.6),"直边"的位置由 $(L \pm 2a)\sqrt{\alpha/2\pi} = 0$ 决定。由于 $a = \Delta k(\Omega)/2\alpha$ 且 $\Delta k = -\Omega D$,于是得到光谱宽度为 $\Delta\Omega = 2\alpha L/D$。

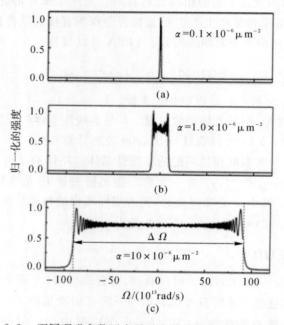

图 5.2.2   不同啁啾参数下光子对光谱随频率失谐量 Ω 的变化

(注:晶体长度为参数为 $L = 18$ mm,$D = 1.94 \times 10 - 13$ s/mm)

啁啾纠缠单光子的相干特性由一阶关联函数 $G^{(1)}(\tau)$ 来描述。根据 Wiener - Khinchin 理论,它由光子对光谱的傅里叶变换得到

$$G^{(1)}(\tau) \propto \int |F(\Omega)|^2 \mathrm{e}^{\mathrm{i}\Omega\tau} \mathrm{d}\Omega \tag{5.2.8}$$

因此,它与光子对光谱振幅的相位无关,仅与 $|F(\Omega)|$ 的大小有关。当 $F(\Omega) = F(-\Omega)$ 且 $\omega_{s0} = \omega_{i0} = \omega_p/2$ 时,光子对的总光谱强度为

$$S(\omega) \propto |F(\Omega = \omega - \omega_p/2)|^2 \tag{5.2.9}$$

其宽度决定了一阶关联函数 $G^{(1)}(\tau)$ 的宽度

$$\Delta^{(1)}\tau \sim 1/\Delta\omega = 1/\Delta\Omega \tag{5.2.10}$$

比较方程 (5.2.2) 和 (5.2.8) 可以发现,二阶关联函数的宽度 $\Delta^{(2)}\tau$ 不仅由 $F(\Omega)$ 的大小决定,还由其相位决定。关系 $\Delta^{(2)}_{\min}\tau \sim 1/\Delta\omega = 1/\Delta\Omega$ 仅适用于 $\Delta^{(2)}\tau$ 宽度的最小可能值。在这种情况下,宽带的光子对谱只是作为小的时间 $\Delta^{(2)}\tau$ 的必要条件,但不是充分条件。相反,窄带宽的光子对谱则对应着宽的二阶关联函数。

关联函数 $G^{(1)}(\tau)$,$G^{(2)}(\tau)$ 及光子对谱强度都可以在实验中测量获得。一阶关联函数由量子干涉实验来表示。例如,如果信号光 s 和闲置光 i 空间模式不同,关联函数 $G^{(1)}(\tau)$ 可以利用放置在信号光和闲置光的迈克尔逊干涉仪来测量,如图 5.2.3 所示。泵浦非线性极化率为 $\chi^{(2)}$ 的晶体产生信号光和闲置光后送入由分束器 BS 和两个反射镜 M1 和 M2 组成的干涉仪。之后由探测器 D 测量辐射强度。通过移动反射镜 M2 来观察干涉结果。$G^{(1)}(\tau)$ 的宽度由干涉图案可见度的变换估算获得。

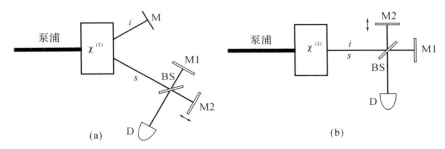

图 5.2.3　利用迈克尔逊干涉仪测量一阶关联函数的方案[41]
(a) 单模测量方案;　(b) 双模测量方案

纠缠光子对的量子特性中最显著的效应是 HOM 干涉:如果一对光子中的两个光子都能同时到达 50/50 的分束器,并假设它们是绝对不可区分的,那么它们就会到达相同的输出干涉臂。这种不可区分性包含时间的不可区分性。自发参量下转换伴随着在产生时间上关联的光子对的产生,为了能让它们保持到达分束器时的关联时间,它们的光学路径的长度必须与光谱宽度的逆的时间精度保持一致。这一效应通过探测放置在探测器输出端的符合光电流来实验观察,如图 5.2.4(a) 所示为 HOM 干涉仪。泵浦场进入非线性晶体通过 SPDC 产生纠缠光子对,出射光反射后 45° 角进入 50/50 分束器 (BS),两个探测器 1、2 探测到的信号到达符合计数器 (CC) 符合计数,τ 为两干涉臂的延迟时间。当两干涉臂的长度相同时,会出现一个凹陷的干涉结果。若符合计数的窗口时间足够长,这一凹陷的宽度和形状与一阶关联函数相关[19,42]:

$$R_c(\tau) \sim 1 - g^{(1)}(2\tau) \tag{5.2.11}$$

其中，$g^{(1)}(\tau)=G^{(1)}(\tau)/G^{(1)}(0)$ 表示归一化的一阶关联函数。

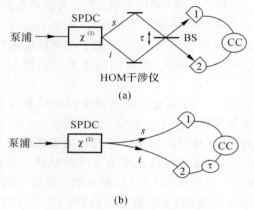

图 5.2.4　关联函数测量方案

(a)通过 HOM 干涉仪测量一阶关联函数的方案；　(b)测量二阶关联函数的方案

(注：τ 为可变延迟，BS 表示 50/50 分束器，CC 为符合计数)

二阶关联函数 $G^{(2)}(\tau)$ 描述探测器中探测到的两纠缠光子计数的关联。其时间宽度即表示纠缠时间。根据方程(5.2.2)，它是光子对光谱振幅傅里叶变换的模方。当符合计数的窗口时间比二阶关联函数的时间宽度更窄时，$G^{(2)}(\tau)$ 可以用 Hanbury Brown Twiss(HBT) 干涉仪通过改变脉冲到达符合计数的延时时间并测量光电流符合计数率来获得，即 $R_c(\tau) \sim G^{(2)}(\tau)$，如图 5.2.4(b) 所示。然而，实际中的多数情况是 $\Delta^{(2)}\tau$ 远小于符合计数的窗口时间，因而这些情况利用 HBT 干涉仪是无法测量的。实验中可以通过基于和频产生[30,34]的超快符合探测直接测量得到 $G^{(2)}(\tau)$ 信号。

啁啾纠缠光子对的产生及其相干特性的实验是在 2008 年由 Nasr 等人率先实现的[9]。他们利用波长为 406 nm 的连续激光泵浦 18 mm 长的具有啁啾结构的氧化镁掺杂的化学计量比钽酸锂晶体(C-PPSLT)，产生简并波长为 812 nm 的纠缠光子对。在不同啁啾参数下利用迈克尔逊干涉仪测量到的干涉图谱如图 5.2.5(a)(c) 所示。两种情况下对应的干涉图谱的宽度(FWHM)分别为 130 fs 和 7.87 fs。相应的纠缠光谱分布可以通过所得干涉图谱的傅里叶变换得到，如图 5.2.5(b) 所示。当 $\alpha=9.7\times10-6\ \mu m^{-2}$ 时，纠缠光谱展宽达到 300 nm，不过其功率(光子流量)也随之下降，如图 5.2.5(d) 所示。图 5.2.5(e) 是实验测量所得 HOM 干涉的结果，点代表实验结果，线代表理论计算结果。可以看到，随着啁啾参数的增加，所得 HOM 干涉凹陷宽度逐渐减小，最小的凹陷半高全宽仅为 7.16 fs，对应在 QOCT 中的轴向精度为 1.1 μm。因此，啁啾参数越大，所

得纠缠光谱宽度越大,得到的 HOM 干涉凹陷宽度就越小。 相反,由于方程
(5.2.5)中二次相位(啁啾)的存在,理论计算出的二阶关联函数 $G^{(2)}(\tau)$ 却是很
宽的,如图 5.2.5(f) 所示。

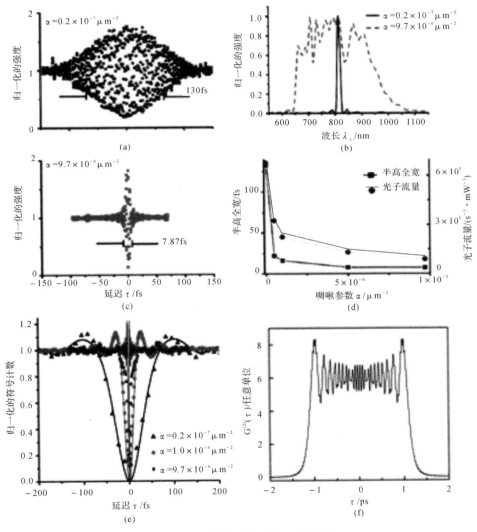

图 5.2.5　啁啾纠缠光子对的量子特性

(a)$\alpha = 0.2 \times 10^{-7}\,\mu\mathrm{m}^{-2}$ 时的归一化迈克尔逊干涉图谱；　(b) 为计算所得的纠缠光子对光谱；

(c)$\alpha = 9.7 \times 10^{-6}\,\mu\mathrm{m}^{-2}$ 时的归一化迈克尔逊干涉图谱；

(d) 实验所得干涉图谱的半高全宽、啁啾参数及光子流量间的关系；

(e)HOM 干涉结果；　(f) 计算所得二阶关联函数 $G^{(2)}(\tau)$

5.3　啁啾纠缠光子对的时域压缩

啁啾参数较大时,光子对光谱被拓宽为近似矩形形状。方程(5.2.5)变为[16]

$$F(\Omega) \propto \mathrm{e}^{\mathrm{i}\Omega^2 D^2/4\alpha} \Pi\left(\Omega, -\frac{\alpha L}{D}, \frac{\alpha L}{D}\right) \tag{5.3.1}$$

基于方程(5.2.2)及方程(5.3.1),$G^2(\tau)$ 变为

$$G^2(\tau) \propto \left| \int_{-\Delta\Omega/2}^{\Delta\Omega/2} \mathrm{e}^{\mathrm{i}\phi(\Omega)} \mathrm{e}^{\mathrm{i}\Omega\tau} \, \mathrm{d}\Omega \right|^2 \tag{5.3.2}$$

其中,$\phi(\Omega) = 2\beta\Omega^2$,$\beta = D^2/8\alpha$。式(5.3.2)出现了一个非线性的二次频率相位因子($2\beta\Omega^2$)。它的存在,使得光子对时域波包不满足傅里叶变换受限条件,从而拓宽了纠缠光子对的关联时间 $G^2(\tau)$,如图5.2.5(f)所示。这种情况类似于光子对波包在色散介质中传输时的扩散。因此,光子对纠缠时间不能仅仅通过拓宽光子对光谱的方法来缩短。

如果通过某种操作能将方程(5.3.2)中的频率二次相位因子补偿或消除掉,就可以将啁啾纠缠光子对的时域波包压缩到傅里叶变换受限的宽度。这就是啁啾纠缠光子对时域压缩的基本思想。

Harris 在 2007 年首次在理论上提出利用附加适当的色散介质的方法实现啁啾纠缠光子对的时域压缩。2010 年,Sensarn 等人和 Harris 一起在实验上演示了啁啾纠缠光子对的产生与压缩的过程。图5.3.1给出了 Harris 提出的啁啾纠缠光子对的产生与压缩的流程图。连续激光泵浦啁啾准相位匹配的非线性晶体产生啁啾纠缠光子对,信号光经过一个压缩器,闲置光经过一个可变延迟后,两束光一起进入和频晶体,和频产生(SFG)信号即反映信号光与闲置光间的时间关联信息。实验装置如图5.3.2所示。波长为 532 nm(Coherent VerdiV10)的连续激光泵浦 20 mm 长的具有啁啾结构的氧化镁掺杂的化学计量比钽酸锂晶体(SLT,HC Photonics Corp.),产生与泵浦光共线的纠缠光子对,其偏振方向均沿晶体的非常光方向。经过准直透镜后,泵浦光和产生的纠缠光通过调节虹膜(Iris)使其经过 2.5 mm 直径的光阑。用滤波片(Semrock LP02 - 568RS - 25 and Schott RG695)将多余的泵浦光滤掉。用双色镜(Semrock LP02 - 1064RS - 25)将信号光和闲置光分开后,信号光经过一个 80 mm 长的 SF6 玻璃引入色散,闲置光经过一个自动门控制的电子扫描可变延迟。两光子经第二个双色镜重新组合在一起,之后聚焦进入 1 mm 长周期电极的氧化镁掺杂的钽酸锂晶体(PPLN,Thorlabs SHG3 - 1)晶体产生和频信号,

PPLN 晶体的相位匹配温度为 433K，理论接收带宽为 1 100 cm^{-1}。产生的 532 nm 和频光子与纠缠光子对用滤波片（Schott BG39 and Semrock LL01－532－12.5）分离后通过多模光纤耦合进入单光子计数模块（SPCM，PerkinElmer SPCM－AQR－16－FC）。和频计数率正比于二阶关联函数，可以表示为闲置光通道延迟时间的函数。

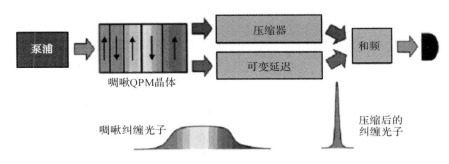

图 5.3.1　啁啾纠缠光子对的产生和压缩示意图[14]

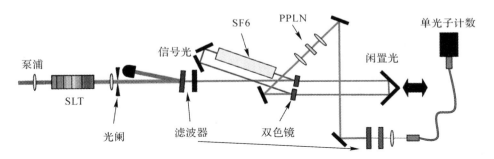

图 5.3.2　啁啾纠缠光子对的产生和压缩实验装置图[14]

　　为了比较啁啾与没有啁啾的光子对之间的差异，产生的晶体包含了两种 QPM 光栅。第一种是空间频率从晶体的起始位置到结束位置是线性变化的；第二种是空间频率与晶体中的位置无关。室温下（298K），啁啾光栅的电极周期从 8.022 3 μm 改变到 8.048 1 μm，而非啁啾光栅电极周期为 8.000 8 μm。通过控制晶体温度从而产生中心波长为 1 000 nm 的信号光子，采用 CCD 光谱仪测量其光谱信息。相应的闲置光子的中心波长为 1 137 nm。用啁啾和非啁啾 QPM 晶体测量到的信号光子的光谱分别如图 5.3.3(a)(b)所示，两种情况对应的相位匹配温度分别为 301K 和 320K，对应的光谱带宽分别约为 250 cm^{-1} 和 50 cm^{-1}。可见，经过啁啾后的纠缠光谱被展宽了 5 倍。滤掉泵浦光后，用硅功率计测量到的双光子流量约为 30 nW,这意味着光子对产生率约为 1.5×10^{11} 对/s。

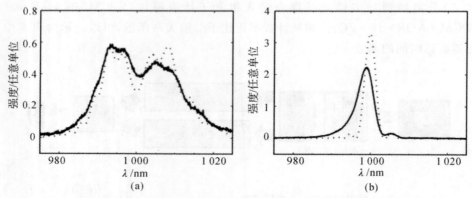

图 5.3.3 在 20 mm 长 SLT 晶体中实验产生的信号光光谱

(a)啁啾; (b)非啁啾 QPM

(注:虚线为理论拟合[14])

图 5.3.4(a)(b)分别给出了对信号光不加 SF6 玻璃和加 SF6 玻璃时测量的和频计数率随闲置光延迟的变化。啁啾 SLT 晶体输入端电极周期为 8.022 3 μm 时和频计数率随闲置光延迟时间的变化。可以看到,图 5.3.4(b)的关联宽度是 130 fs,这与信号光子带宽 250 cm^{-1} 的逆宽度是等价的。

图 5.3.4(c)(d)分别给出了将啁啾方向反转(即将晶体输入端电极和输出端电极对换)和无啁啾光栅时的关联信号,其关联宽度为 700 fs。对比图 5.3.4 (b)(d)可以看到,利用啁啾晶体产生纠缠光子再压缩后使光子对间的关联减小了 80%,而压缩后的峰值功率则提高了约 2 倍。这是用于产生极短时间关联双光子的啁啾及其压缩技术的第一个实验演示。如果要更进一步改进压缩后的关联宽度和峰值功率则需要考虑三阶和更高阶色散的控制,特别是当啁啾更大时。反之,也可以通过设计啁啾对高阶色散进行预补偿。

另一种压缩方案的理论是由 Brida 等人在 2009 年提出[16],即利用光纤的群速度色散效应来实现。其基本思想是在纠缠光子对的一路中引入与啁啾 QPM 晶体引起的色散量值相等且符号相反的光纤色散,从而实现啁啾纠缠光子对的时域压缩。假设让其中的闲置光子经过一段长度为 l 的光纤,此光纤引入的相位为 $\exp[\mathrm{i}(k'_i\Omega+k_i\Omega^2)l]$,其中 $k'_i\equiv\dfrac{\mathrm{d}k}{\mathrm{d}\omega}\big|_{\omega=\omega_0}$ 和 $k_i\equiv\dfrac{1}{2}\dfrac{\mathrm{d}^2k}{\mathrm{d}\omega^2}\big|_{\omega=\omega_0}$ 分别表示逆群速度和群速度色散(GVD)。第一项是频率的线性项,仅移动波包的位置。第二项为频率的二次项,可以用来补偿啁啾。补偿条件为

$$\frac{D^2}{4\alpha} + k_{\mathrm{f}}l = 0 \qquad (5.3.3)$$

若要满足此条件,α 和 k_{f} 的符号必须相反。当光纤群速度色散为正时,啁啾必须为负,即晶体的电极周期沿着泵浦光的传播方向逐渐减小。反之,当光纤群速度色散为负时,啁啾必须为正,即晶体的电极周期沿着泵浦光的传播方向逐渐增加。

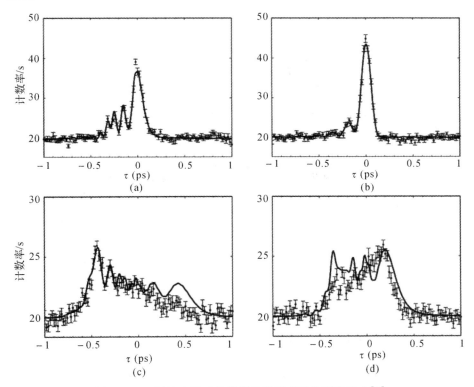

图 5.3.4　纠缠光子对关联测量结果虚线为理论拟合[14]

(a) 在信号光通道未加入 SF6 玻璃的结果;　(b) 在信号光通道加入 80 mm 长的 SF6 玻璃的结果;
(c) 将啁啾方向反转后的结果;　(d) 非啁啾 QPM 时的结果

图 5.3.5 给出了计算的二阶关联函数的宽度与光纤长度的关系。可以看到,当 $\alpha > 0$(虚线) 时,由于假定的啁啾晶体的啁啾系数是正的,所以随着光纤长度的增加二阶关联函数被逐渐展宽。当 $\alpha < 0$(实线) 时,随着光纤长度的增加,二阶关联函数的宽度先减小后增大,只有在 $l = 16.927$ cm 处出现最小值,说明只有在这一光纤长度处完全满足式(5.3.3) 的补偿条件,此时 $k_f = 1.359 \times 10^{-28}$ s^2/cm,纠缠光子对波包得到了最大的压缩,压缩后的半高宽仅为 12 fs,而

其他位置都会将波包展宽。随着光纤长度的增加,最终的 $G^2(\tau)$ 的形状类似于啁啾纠缠光子对光谱的形状。图 5.3.5 中圆形点对应的二阶关联函数如图 5.3.6 所示。

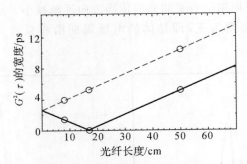

图 5.3.5　计算的二阶关联函数的宽度与光纤长度的关系[16]

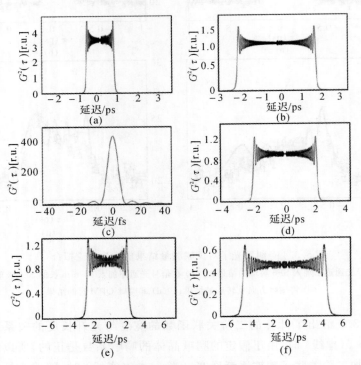

图 5.3.6　经不同长度的传输光纤后计算的二阶关联函数[16]

(a)$\alpha < 0$,传输长度 8 cm;　(b)$\alpha > 0$,传输长度 8 cm;　(c)$\alpha < 0$,传输长度 16.927 cm;

(d)$\alpha > 0$,传输长度 16.927 cm;　(e)$\alpha < 0$,传输长度 50 cm;　(f)$\alpha > 0$,传输长度 50 cm

　　然而,上述方法具有如下不足:①纠缠光子对的关联时间及其演化强烈地依赖于色散介质(如光纤)的长度,只有在色散介质的特殊位置才能获得理想的压缩效果;②色散介质中的高阶色散项将会降低压缩的效率;③当纠缠光源经过色散介质后会出现信号的损耗。

　　以下是基于脉冲整形技术提出的啁啾纠缠光子对时域压缩的方案[45-47]。前面已经提到,在经典光学中,一个凹透镜会对入射的单色平面波附加一个空间二次相位因子,从而使其变为一个发散的球面波;而该二次相位因子再通过一个适当的凸透镜后会被消除掉,从而使发散的球面波重新变为单色的平面波,如图5.3.7 所示。通过与这一过程进行类比,可以认为在啁啾准相位匹配晶体中通过 SPDC 过程产生纠缠光子对的过程是经过了一个“凹透镜”因而给光子对光谱振幅引入了一个频率二次相位因子,从而导致光子对不是傅里叶变换受限的。如果能找到一个频域的“凸透镜”,就可以消除该二次项,从而压缩光子对使其变成傅里叶变换受限的。这就是压缩啁啾纠缠光子对的基本思想。

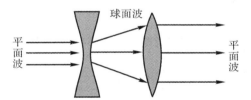

图 5.3.7　啁啾纠缠光子对时域压缩示意图

　　目标是通过找到一个频域的“凸透镜”消除频率二次相位,从而压缩纠缠光子对波包使其变成傅里叶变换受限的。这种“凸透镜”可以通过在频域制备菲涅耳波带透镜来实现。而这可以通过 FIBPS 裁剪方法来完成。根据上文提出的 FIBPS 相位裁剪方法,裁剪双光子光谱的第 n 个频率波带的边界可以表示为

$$\pm \Delta\Omega_n = \pm\sqrt{[3/2 + 2(n-1)]\pi/\beta} \quad (n = 1, 2, 3\cdots) \quad (5.3.4)$$

其中,$\beta = D^2/8\alpha$。频率波带的总数 $N = 2n - 1$。根据式(5.3.4),可以写出 FIBPS 调制函数为

$$\mathrm{FIBPS}(\Omega) = \frac{\pi}{2}\left[\prod_n \mathrm{sgn}(\Omega_n - |\Omega|) + 1\right] \quad (5.3.5)$$

其中,sgn 表示符号函数。

　　类似于第四章所述,同样可以通过类比菲涅耳波带片在空间的相位函数,得到 FIBPS 在频域的相位函数表达式为

$$\phi(\Omega) = \exp\left(-\frac{\mathrm{i}\pi\Omega^2}{\lambda' f'}\right) = \exp\left(-\frac{\mathrm{i}2\beta\Omega^2}{1 - 1/4n}\right) \quad (5.3.6)$$

现在可以看到,当频率波带 n 趋于无穷大时,FIBPS 理论上能在频域引入一个负的二次相位因子 -2β(负啁啾),这类似于产生了一个频域菲涅耳透镜。因此,方程(5.3.1)中的二次相位因子可以通过上式进行补偿,即

$$\frac{D^2}{4\alpha} - \frac{2\beta}{1 - 1/4n} = 0 \qquad (5.3.7)$$

实际中,只要取 n 足够大,例如 $n=20$ 即可。这样,啁啾纠缠光子对的时域波包将会被压缩到变换受限的宽度。

图 5.3.8(a)画出了啁啾参数较大时啁啾纠缠光子对的宽带谱,可以看到该图形类似于经典光学中的宽缝衍射图案。和单缝菲涅耳衍射类比,粗线示意性地代表频域的"宽缝"。光谱的半高全宽(FWHM)为 $\Delta\Omega \approx 2\pi \times 25.5 \times 10^{13}$ rad/s,其他参数 $L=5.63$ mm,$D=3$ ps/cm,$\alpha=427$ cm^{-2},$n_{max}=10$。

针对纠缠光子对压缩设计的 FIBPS 相位整形方案如图 5.3.8(b)所示。该谱在脉冲整形器件操作的频率范围内几乎是平直的。类比单缝的菲涅耳衍射,粗线示意性的代表频域的"宽缝"。

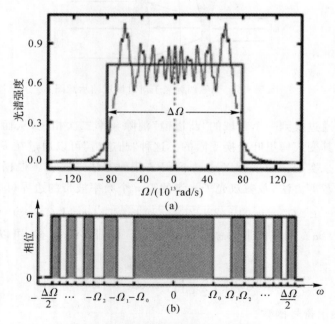

图 5.3.8　纠缠光谱及整形方案设计

(a) 啁啾纠缠光子对的宽带谱;　(b) 对应的 FIBPS 相位整形方案

图 5.3.9 给出了 $G^2(\tau)$ 的计算结果。根据参考文献[12]和[16],选用一个

啁啾周期电极的磷酸氧钛钾(potassium titanyl phosphate)(C－PPKTP)晶体，其晶体长度为 $L=8$ mm，泵浦激光波长 $\lambda_p=458$ nm，$D=3$ ps/cm。其他参数为 $\alpha=427$ cm^{-2}，$n_{max}=21$。选用的这些参数很好地满足了文献[16]中所要求的矩形近似和线性相位失配条件。图 5.3.9(a) 中粗黑线表示带有二次相位因子的 $G^2(\tau)$ 的原始结果。可以看到由于二次相位因子的色散效应，$G^2(\tau)$ 被拓宽了，也呈现出一个宽度为 2.4 ps 的近似矩形的形状。作为对比，计算了通过用 FIBAS 整形裁剪光子对谱的结果，如图 5.3.9(a) 中细线所示。此时，由于在零延时处的干涉相长结果和其他位置处的干涉相消结果，二阶关联函数压缩为一个窄带信号，但该信号峰值强度较小，背景较大。图 5.3.9 给出了利用 FIBPS 整形后进一步压缩的结果，其半高全宽大约为 24.6 fs。为了方便比较，图 5.3.9 的结果只给出了其数值的 1/3。为了做比较，图 5.3.9(b)(粗线)给出了归一化的傅里叶变换受限结果。可以看到，由于在零延迟处包含了更多干涉相长通道，而在其他位置有更多干涉相消通道，因而宽带的时域波包被压缩为接近傅里叶变换受限结果。与原始的 $G^2(\tau)$ 结果相比，压缩的 $G^2(\tau)$ 宽度减小至 1%，而信号强度则增加了将近 30 倍，从而极大地增强了啁啾纠缠光子对间的时间关联。因此，该方法可以实现啁啾纠缠光子对波包的完美压缩。原则上，给定一确定的光子对谱带宽，压缩的信号强度可以通过增加 $\tau=0$ 处干涉相长通道的数量大大增强。此外，压缩的二阶关联函数的宽度正比于所裁剪的频率波带的数量。

可以看到，压缩的结果和傅里叶变换受限的结果是一样的。其物理原因是：通过用 FIBPS 裁剪光子对谱后等效地产生了一个频域的菲涅耳波带透镜，从而消除了二次相位因子，获得了傅里叶变换受限结果。

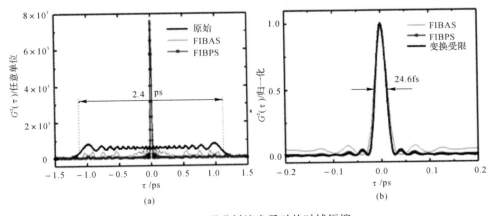

图 5.3.9　啁啾纠缠光子对的时域压缩

(a) 带有二次相位因子的原始结果(粗线)；　(b) 傅里叶变换受限结果(粗黑线)

此外,利用该方案,也可以获得光子对关联序列。例如,如果用一个振幅掩膜遮挡住对应光子对时域振幅 $\sum_{k=-8}^{k=8} \psi_k$ 的中心频率波带而保留两边的其他波带,则二阶关联函数可以表示为 $G^2(\tau) \propto \left| \sum_{k=-21}^{k=-9} \psi_k + \sum_{k=9}^{k=21} \psi_k \right|^2$。此时,由于 0 和 π 相位分量对应的光子对时域振幅间在 $\tau=0$ 处是干涉相消的,因而使 $\tau=0$ 附近没有信号,二阶关联函数被分离成零延迟两边的两个对称性的尖峰,如图 5.3.10(a) 所示。该结果和文献[30]所报道的用一个相位阶跃函数来调制信号场后得到的结果类似。该结果可以通过类比单峰菲涅耳衍射来解释。

图 5.3.10 中,粗线示意性地画出了光子对谱的整形方案。图 5.3.10(a) 中的结果可以认为类似于当宽缝中心部分被遮挡时,两侧形成的两个单缝在空间各自衍射的结果。两个峰的位置和间距由宽缝中未遮挡缝位置和其之间的距离决定。类似地,也可以获得三峰的光子对关联序列,此时 $G^2(\tau) \propto \left| \sum_{k=-21}^{k=-8} \psi_k - \psi_0 + \sum_{k=8}^{k=21} \psi_k \right|^2$,如图 5.3.10(b) 所示。而这样的光子对关联序列最近已经用类似的方法在实验上产生了[36]。

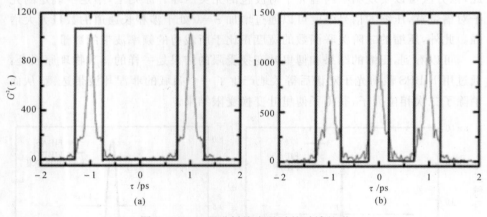

图 5.3.10   啁啾纠缠光子对的时域整形
(a) 双峰光子对关联序列;   (b) 三峰光子对关联序列

需要说明的是,在利用该方案压缩光子对时,需要满足一个限制条件,即 $2\alpha L/D = \sqrt{(3/2 + 2n_{max})\pi/\beta}$。换句话说,啁啾纠缠光子对的频谱宽度 $\Delta\Omega$ 应该等于方程(5.3.4)中 n 取最大值所对应的特殊带宽。根据以上约束条件,二元相位掩膜的数量由下式决定:$n_{max} = (\alpha L^2 - 3\pi)/4\pi$。当 n_{max} 固定时,晶体长度 L 越大,啁啾参数 α 必须越小来满足此条件。但这样不利于产生宽带的光子对。

当 L 固定时,需要增加 α 才能获得宽带光子对,这意味着,必须同时增加二元相位掩膜的数量。然而,这种情况在实际中会遇到一些问题,因为使用更多的掩膜对整形精度要求更高。因此,实际中,为了获得所需的目标,必须依据上述约束条件恰当地设计各个实验参数。另外,光子对光场的相干时间定义为一阶关联函数的宽度,它是双光子谱的傅里叶变换,因此不依赖于式(5.3.1)中的相位因子,其仅由光子对谱的逆宽度给出。因此,只要光子对的谱不改变,它也不会改变。

基于以上分析,我们根据参考文献[32]~[36]所描述的实验装置设计了一个啁啾纠缠光子对压缩的实验流程图,如图 5.3.11 所示。实验中,由于当光在光波导中传输时容易限制(控制)并保持其能量,从而提高纠缠光子对的产生效率,因而选择铌酸锂波导作为光子对产生与传输的介质。高频光子入射到啁啾周期电极铌酸锂(C-PPLN)(波导)中通过 SPDC 过程产生超宽带的啁啾纠缠光子对。经滤波器过滤掉剩余的泵浦光后,进入准直器,采用我们提出的菲涅耳二元脉冲整形方案经过脉冲整形设备整形调制光谱。之后经瞄准仪重新组合进入周期电极铌酸锂(波导)通过和频产生过程进行超快符合探测,探测的结果直接可以表示二阶关联函数信号。因此,用我们提出的整形方案在实验上压缩和整形啁啾纠缠光子对是完全可行的[50-51]。

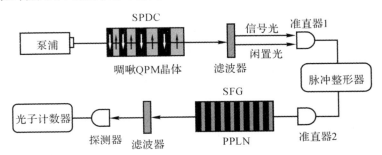

图 5.3.11　啁啾纠缠光子对的产生、压缩实验流程图

5.4　脉冲光场作用下啁啾纠缠光子对的量子特性

以上考虑的是连续激光泵浦非线性晶体产生纠缠光子对的情况,然而,在实际中使用的光源大多是脉冲光场,文献[52]曾研究了脉冲光场作用非线性晶体的自发参量下转换,并利用带宽放大方法得到了高流超宽带纠缠光子对。但如何利用啁啾准相位匹配技术通过脉冲光场作用非线性晶体的自发参量下转换获得需要的高流超宽带纠缠光子对,这方面的工作目前尚未见报道。此时,脉冲光

场的带宽和啁啾系数都会影响产生的纠缠光子对量子特性和 HOM 干涉结果。针对以上问题,本节研究脉冲光场作用啁啾准相位匹配非线性晶体的第 Ⅱ 类型自发参量下转换过程中,脉冲宽度和啁啾系数对产生的啁啾纠缠光子对特性及HOM 量子干涉结果的影响,在理论上分析纠缠光子对谱带宽和 HOM(dip)量子干涉的特性[53]。

根据非线性光学和量子理论,脉冲激光泵浦作用下,自发参量下转换所产生的纠缠光子对波函数为[54]

$$|\Psi\rangle = \int d\omega_s \int d\omega_i A(\omega_s + \omega_i)\Phi(\omega_s,\omega_i)|\omega_s\rangle|\omega_i\rangle \quad (5.4.1)$$

其中,$|\omega_{s,i}\rangle$ 分别表示信号光和闲置光的单光子态,$A(\omega_s + \omega_i)$,$\Phi(\omega_s,\omega_i)$ 分别是泵浦线型函数和相位匹配函数。泵浦线型函数是泵浦脉冲函数时域分布的傅里叶变换,它保证了能量守恒,即下转换过程只允许产生光子对的频率之和等于泵浦频率的情况。对一个给定的泵浦光子,相位匹配函数决定了能量如何分配。其中相位匹配函数可表示为

$$\Phi(\omega_s,\omega_i) \propto \int_{-\frac{L}{2}}^{\frac{L}{2}} \chi^{(2)} e^{-i\Delta kz} dz \quad (5.4.2)$$

$\chi^{(2)}$ 表示晶体的二阶极化率,对于普通的非线性晶体可看作为常数。L 为下转换晶体的长度,$\Delta k = k_s(\omega_s) + k_i(\omega_i) - k_p(\omega_s + \omega_i)$,$k_s(\omega_s)$,$k_i(\omega_i)$ 和 $k_p(\omega_s + \omega_i)$ 分别是信号光,闲置光及泵浦光的波矢量;这一函数表示相位匹配条件对纠缠光子对态函数的影响,也反映了泵浦光与纠缠光子对间的相关性。由于泵浦线型函数依赖于信号光和闲置光频率之和,因此对于 ω_s,ω_i 是对称的。而由于晶体是双折射的,因而一般 $k_s(\omega) \neq k_i(\omega)$,从而相位匹配函数对于 ω_s,ω_i 是不对称的,即

$$\Phi(\omega_s,\omega_i) \neq \Phi(\omega_i,\omega_s)$$

现在考虑脉冲光场泵浦啁啾准相位匹配非线性晶体的第 Ⅱ 类型自发参量下转换过程,且是简并共线的特殊情况,即下转换的信号光,闲置光与泵浦光在同一方向传播。简并是指信号光,闲置光具有相同的中心频率且等于泵浦光中心频率的一半。晶体的二阶极化率 $\chi^{(2)}$ 是 z 的函数,即

$$\chi^{(2)}(z) = \chi_0 e^{iK(z)z}$$

式中,χ_0 是一常数。逆光栅矢量 K 是坐标 z 的线性函数,有

$$K(z) = K_0 - \alpha z$$

其中,α 是啁啾参数,代表线性啁啾的程度。K_0 满足条件

$$k_p - k_s(\omega_0/2) - k_i(\omega_0/2) - K_0 = 0$$

此时,相位匹配函数变为

$$\Phi(\omega_{\mathrm{s}},\omega_{\mathrm{i}}) \propto \int_{-\frac{L}{2}}^{\frac{L}{2}} \mathrm{e}^{\mathrm{i}(\Delta k' + \alpha z)z} \mathrm{d}z$$

其积分结果为

$$\Phi(\omega_{\mathrm{s}},\omega_{\mathrm{i}}) \propto \frac{(1+\mathrm{i})}{\sqrt{\alpha}} \exp\left[-\frac{\mathrm{i}\Delta k'^2}{4\alpha}\right]$$

$$\left\{ Erf\left[\frac{(-1)^{3/4}(\Delta k' - \alpha L)}{2\sqrt{\alpha}}\right] - Erf\left[\frac{(-1)^{3/4}(\Delta k' + \alpha L)}{2\sqrt{\alpha}}\right] \right\} \tag{5.4.3}$$

其中，$\Delta k' = k_{\mathrm{p}} - k_{\mathrm{s}} - k_{\mathrm{i}} - K_0$。$k_{\mathrm{p}} = \omega_{\mathrm{p}} n_{\mathrm{e}}(\omega_{\mathrm{p}}, \theta_{\mathrm{cut}})/c, k_{\mathrm{s,i}} = \omega_{\mathrm{s,i}} n_{\mathrm{o,e}}(\omega_{\mathrm{s,i}})/c, n_{\mathrm{e}}(\omega_{\mathrm{p}}, \theta_{\mathrm{cut}})$ 是泵浦光经双折射非线性晶体（NLC）后出射的非常光的折射率，$n_{\mathrm{e}}(\omega_{\mathrm{s,i}})$ 是对应的信号光，闲置光的折射率。Erf 表示误差函数。θ_{cut} 是 NLC 的切向角，通过设定切向角可使信号光，闲置光简并，c 是真空中的光速。

考虑晶体中的色散效应，波矢 k_j 是 $\omega_j (j = \mathrm{s}, \mathrm{i})$ 的函数。在频率 ω_0（$2\omega_0$ 是泵浦光的中心频率）附近将 $k_j(\omega)$ 按级数展开：$k_{\mathrm{p}}(\omega) = k_{\mathrm{p}0} + (\omega - 2\omega_0)k', k_j(\omega) = k_{j0} + (\omega_j - \omega_0)k'_j (j = \mathrm{s}, \mathrm{i})$。$k'_j X = 1/u_j (u_j = u_{\mathrm{s}}, u_{\mathrm{i}}$ 分别为信号光和闲置光的群速度）。考虑到中心频率满足关系 $k_{\mathrm{s}0} + k_{\mathrm{i}0} - k_{\mathrm{p}0} = 0$，相位匹配函数可以简化为

$$\left. \begin{aligned} \Phi(\omega_{\mathrm{s}},\omega_{\mathrm{i}}) &\propto \int_{-\frac{L}{2}}^{\frac{L}{2}} \mathrm{e}^{\mathrm{i}[-(\omega_{\mathrm{s}}+\omega_{\mathrm{i}}-2\bar{\omega})D_+ - (\omega_{\mathrm{s}}-\omega_{\mathrm{i}})D/2] + \alpha z]z} \mathrm{d}z \\ \Phi(\omega_{\mathrm{i}},\omega_{\mathrm{s}}) &\propto \int_{-\frac{L}{2}}^{\frac{L}{2}} \mathrm{e}^{\mathrm{i}[-(\omega_{\mathrm{s}}+\omega_{\mathrm{i}}-2\bar{\omega})D_+ + (\omega_{\mathrm{s}}-\omega_{\mathrm{i}})D/2] + \alpha z]z} \mathrm{d}z \end{aligned} \right\} \tag{5.4.4}$$

其中，$D = 1/u_{\mathrm{s}} - 1/u_{\mathrm{i}}, DL$ 的物理意义是信号光和闲置光在晶体中传播的时间差；$D_+ = \frac{1}{2}\left(\frac{1}{u_{\mathrm{s}}} + \frac{1}{u_{\mathrm{i}}}\right) - \frac{1}{u_{\mathrm{p}}}, D_+ L$ 表示信号光和闲置光在晶体中传播的平均时间与泵浦光传播的时间差，D, D_+ 大小、正负均取决于晶体的性质。从式（5.4.4）可以看到，当 ω_{s} 和 ω_{i} 交换后，相位匹配函数是不对称的。这主要是由于具有一定频谱宽度的脉冲激光作用晶体后，导致由下转换所产生的信号光和闲置光也具有一定频宽。这时除中心频率满足相位匹配条件外，展宽部分不再满足相位匹配条件，信号光和闲置光的纠缠特性会受到影响，进而影响到相干结果。

信号光和闲置光的功率谱密度可以表示为

$$\left. \begin{aligned} |\zeta_{\mathrm{s}}(\omega_{\mathrm{s}})|^2 &= \int \mathrm{d}\omega_{\mathrm{i}} |A(\omega_{\mathrm{s}}+\omega_{\mathrm{i}})\Phi(\omega_{\mathrm{s}},\omega_{\mathrm{i}})|^2 \\ |\zeta_{\mathrm{i}}(\omega_{\mathrm{i}})|^2 &= \int \mathrm{d}\omega_{\mathrm{s}} |A(\omega_{\mathrm{s}}+\omega_{\mathrm{i}})\Phi(\omega_{\mathrm{i}},\omega_{\mathrm{s}})|^2 \end{aligned} \right\} \tag{5.4.5}$$

假设光场脉冲线型为高斯型 $\alpha(\omega_{\mathrm{p}}) = (1/\sqrt{2\pi}\sigma)\exp[-(\omega_{\mathrm{p}} - 2\bar{\omega})^2/2\sigma^2]$，对应脉冲宽度为 σ。根据参考文献[52]的数据，在理论计算中取 $\sigma = 3 \times 10^{13}$ rad/s，泵浦光的中心波长 $\lambda_{\mathrm{p}} = 420$ nm。当脉冲宽度一定时，信号光和闲置光的功率谱

密度随啁啾系数的演化规律如图 5.4.1 所示,图中左半部分是功率谱密度随信号光和闲置光频率的分布图,投影后就得到了右侧信号光和闲置光的功率谱密度。从图中可以看到,当脉冲宽度一定时,啁啾系数越大,功率谱密度的频率响应范围越大,从而产生的光子对谱线宽度越大,这将导致下文中产生时域上很窄的 HOM 量子干涉凹陷(dip)。另外,由于第 II 类型自发量下转换产生的两光子对是沿不同晶轴正交偏振的,因而具有不同的谱线特征,不再精确反关联,随着脉冲宽度的增加,这种效应更加明显。脉冲宽度的增加会使相位匹配函数的不对称性增加,从而使得两光子对谱线不同步变化,其不可区分性降低,最终使得 HOM 量子干涉可见度降低[54]。从图 5.4.1 中还以看到,由于泵浦激光是脉冲的,信号光和闲置光具有不同的谱线特征,但随着啁啾系数的增加,它们的谱线又趋于相同,最终两种谱线几乎完全重合。由此可见,随着啁啾系数的增加,相位匹配函数的不对称性逐渐减小,变得对称起来,因而重新使得两光子对谱线重合,其不可区分性增强,这将导致下文最终的 HOM 量子干涉可见度提高。

另外,图 5.4.1(d) 将纠缠光子对的两个谱线和泵浦脉冲谱线画在同一图中做了对比,可以看出,当 $\alpha = 10 \ \text{nm}^{-2}$ 时得到的光子对谱线半高全宽是 $183.9 \times 10^{13} \ \text{rad/s}$,而泵浦脉冲谱线半高全宽为 $7.1 \times 10^{13} \ \text{rad/s}$,前者是后者的大约 26 倍。因而通过此方法理论上可以产生超宽带的光子对。

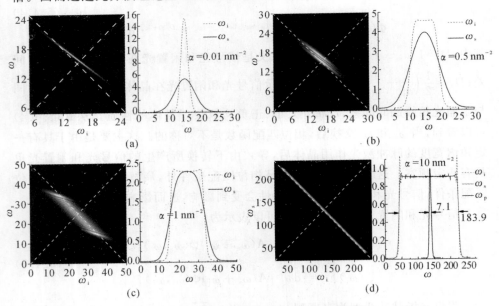

图 5.4.1　功率谱密度随啁啾系数的演化规律

(注:计算参数,$D = 1.94 \times 10^{-13} \ \text{s/mm}$,$D_+ = -1.8 \times 10^{-13} \ \text{s/mm}$,来自文献[55];$\alpha = 10 \ \text{nm}^{-2}$,$L = 18 \ \text{mm}$ 的取值来自文献[9];$\omega: \times 10^{13} \ \text{rad/s}$)

文献[54]已指出,当脉冲激光泵浦时泵浦线型函数 $A(\omega_s+\omega_i)$ 会对相位匹配函数 $\Phi(\omega_s,\omega_i)$ 起到调制作用,随着脉冲宽度的增加,泵浦线型函数与相位匹配函数的叠加区域增加,使得有更多泵浦频率可以参与下转换,得到的下转换光谱频率宽度增大。然而,相位匹配函数的不对称性使得休闲光和闲置光光谱不同步变化,出现偏差,其相干性(不可区分性)降低,两下转换光子没有像连续光泵浦作用下的那样精确反关联,因而使 HOM 量子干涉可见度下降。从式(5.4.5)可以看到信号光和闲置光的的功率谱密度是由 $A(\omega_s+\omega_i)$,$\Phi(\omega_s,\omega_i)$ 的乘积决定的。若考虑晶体的空间啁啾效应,将这两个函数及它们的乘积分别画在图 5.4.2(a) 表示 $|A(\omega_s+\omega_i)|^2$,其谱线带平行于 $\omega_s=-\omega_i$ 的轴线延伸至无穷长,而谱线带宽度则由脉冲宽度 σ 决定,σ 越大,谱线带越宽;图 5.4.2(b) 表示 $|\Phi(\omega_s,\omega_i)|^2$,图形宽度是由晶体的长度 L 和啁啾系数 α 决定的,L 和 α 越大,图形越宽。由于没有考虑晶体的二阶色散效应,因而图形长度是无限长的;图 5.4.2(c) 是 $|A(\omega_s+\omega_i)\Phi(\omega_s,\omega_i)|^2$,表示泵浦线型函数对相位匹配函数的影响。此时图形变窄且长度有限,这正是两者交叠在一起的结果。若啁啾系数为零,则其对应结果将是无限长,从而光子对谱线也将无限宽。因此,相位匹配函数中的啁啾系数减小了 $A(\omega_s+\omega_i)$ 和 $\Phi(\omega_s,\omega_i)$ 两者的交叠因而限制了光子对谱线带宽。可见,啁啾系数在光子对谱中扮演了非常重要的角色。

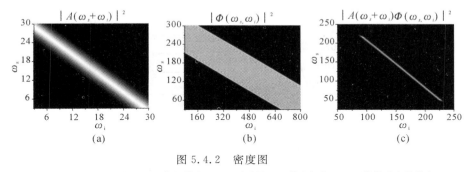

图 5.4.2　密度图

(a)泵浦谱密度；　(b)相位匹配函数的模方；　(c)泵浦线型函数和相位匹配函数的乘积的模方

(注:参数:$\sigma=3\times10^{13}$ rad/s,$L=18$ mm,$\omega_i\times10^{13}$ rad/s,$D=1.94\times10^{-13}$ s/mm,$D_+=-1.8\times10^{-13}$ s/mm,$\alpha=10$ nm^{-2})

由于探测器探测信号时的采样时间远大于脉冲光场的作用时间,因此反映的实际情况是二阶相关函数在测量时间内的平均值,即平均符合计数率,它的定义为 $R_c(\tau)=\dfrac{1}{T}\iint_0^T \mathrm{d}t_1\mathrm{d}t_2 G^{(2)}(t_1,t_2;\tau)$,其中的 T 是探测时间。由于 T 远大于光场的作用时间,因此积分限可以扩展到无穷大。这样,平均符合计数率为[54]

$$R_c(\tau) \propto \iint d\omega_s d\omega_i \, |\alpha(\omega_s + \omega_i)|^2 \big[|\Phi(\omega_s, \omega_i)|^2 - \Phi(\omega_s, \omega_i)\Phi^*(\omega_i, \omega_s) e^{-i(\omega_i - \omega_s)\tau} \big]$$

$$(5.4.6)$$

式(5.4.6)反应的是纠缠光子对的 HOM 量子干涉效应,第一项表示所有光子对概率分布的积分。当 τ 很大时,第二项会迅速衰减因而对积分没有贡献,此时仅留下第一项作为干涉本底项;当 τ 接近零时,第二项才有贡献,符合计数率减小。考虑 $\tau=0$ 时的情况:① 若泵浦激光是连续光,则由于此时产生的两光子对是精确反关联的,因而相位匹配函数对两光子对是对称的,即 $|\Phi(\omega_s, \omega_i)| = |\Phi(\omega_i, \omega_s)|$,此时 $R_c(\tau=0)=0$;② 若泵浦激光是脉冲时,由于此时产生的两光子对并非精确反关联,相位匹配函数对两光子对是不对称的,即 $|\Phi(\omega_s, \omega_i)| \neq |\Phi(\omega_i, \omega_s)|$,两光子对谱的不可区分性降低,从而使 $R_c(\tau=0) \neq 0$,最终导致 HOM 量子干涉可见度降低。

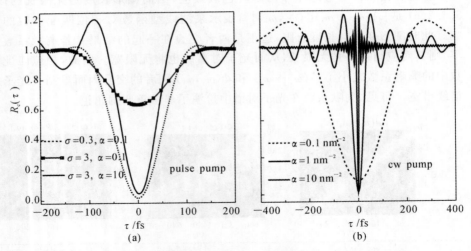

图 5.4.3　归一化的平均符合计数率与光子对相对延迟时间的演化规律
(a)泵浦光为脉冲激光;　(b)泵浦光为连续激光

图 5.4.3 给出了归一化的平均符合计数率与光子对相对延迟时间的演化规律,图 5.4.3(a)表示泵浦光为脉冲激光的情况。可以看到,啁啾系数相同时,随着脉冲宽度的增加,下转换光谱频率宽度增大,但由于相位匹配函数的不对称性,下转换的两光子谱线的不可区分性降低,因而使得 HOM 量子干涉可见度下降。当脉冲宽度一定时,随着啁啾系数的增加,光子对谱带宽增加,HOM 量子干涉(dip)变窄,相位匹配函数又变得对称起来,因而使光子对谱的不可区分性增强,从而提高了相干精度和干涉可见度。这就是啁啾系数对相位匹配函数起到的调制作用,使得下转换的能量重新分配,产生了上述结果。理论上得到了与

上文超宽带的光子对谱所对应超窄的 HOM 量子干涉(dip)图。图 5.4.3(b)表示泵浦光为连续激光的情况,即 $\sigma=0$,此时式(5.4.3)变为

$$\Phi(\nu) \propto \frac{(1+i)}{\sqrt{\alpha}}\exp\left[-\frac{i(\nu D)^2}{4\alpha}\right]\left\{Erf\left[\frac{(-1)^{3/4}(\nu D-\alpha L)}{2\sqrt{\alpha}}\right]-Erf\left[\frac{(-1)^{3/4}(\nu D+\alpha L)}{2\sqrt{\alpha}}\right]\right\}$$

(5.4.7)

其中,$\nu=\omega_s-\omega_0=\omega_0-\omega_i$。光子对功率谱密度变为

$$|\zeta(\nu)|^2=\int d\nu\,|\Phi(\nu)|^2$$

(5.4.8)

平均符合计数率变为

$$R_c(\tau)\propto\int d\nu\left[|\Phi(\nu)|^2-\Phi(\nu)\Phi^*(-\nu)e^{-i2\nu\tau}\right]$$

(5.4.9)

式(5.4.9)简化后和式(5.2.11)结果一致。由式(5.4.8)得到光子对功率谱随啁啾系数的演化规律如图 5.2.2 所示。

从图 5.2.2 中可以看到,随着啁啾系数的增大,功率谱密度的频率响应范围也增大,其演化过程和经典光学中单缝衍射随缝宽的演化规律相似。当 $\alpha=0.1$ nm^{-2} 时,其频率半高全宽仅为 2×10^{13} rad/s,当啁啾系数增大到 10 nm^{-2} 时,光子对谱半高全宽已经接近 200×10^{13} rad/s,近似为原来的 100 倍,因而理论上得到了超宽带的光子对。这将导致最终的 HOM 量子干涉图(dip)随啁啾系数的增大而变窄,干涉精度提高,如图 5.4.3(b)所示,当 $\alpha=0.1$ nm^{-2} 时,HOM 量子干涉图(dip)最宽,对应的半高全宽为 220 fs,而当 $\alpha=10$ nm^{-2} 时,HOM 量子干涉图(dip)最窄,其对应的半高全宽仅为 6.2 fs,该结果与文献[9]所得实验结果相吻合。文献[9]在实验上得到了超宽(300 nm)光子对光谱,并测量到了超窄的 HOM 干涉(dip),其半高全宽仅有 7.1 fs。目前实验中报道的连续激光泵浦得到的最窄 HOM 干涉(dip)半高全宽为 5.7 fs[10]。

5.5 小　　结

本章介绍了啁啾纠缠光子对的产生方法及其物理机理、啁啾纠缠光子对相干特性及其时间关联特性,还介绍了啁啾纠缠光子对压缩的思想及常用的压缩方法。基于脉冲整形技术,提出了一种能克服色散补偿方案在时域压缩纠缠光子对的新方法。该方法是通过菲涅耳二元脉冲整形光子对谱从而产生频域的菲涅耳透镜来消除二次相位。此外,利用该方案,通过适当的整形光子对谱还可以获得多峰的时域光子对波包,从而实现了啁啾纠缠光子对的整形。这种方法提供了一种新颖的纠缠光子对压缩的方法,此方法对于用其他方式(如温度梯度或

应用场)引入空间非均匀性产生啁啾纠缠光子对的情况同样适用。所得结果为实现超宽带超短时间关联的纠缠光源及人为操纵纠缠光源提供了理论依据。可获得的精度受到整形器件的精度及所用振幅或相位掩膜的误差的限制。此外,压缩的纠缠光子对波包及其对应的二元相位可以用在基于纠缠光子对光谱编码的量子通信网络中。这些理论研究对于啁啾纠缠光子对在量子度量衡、量子平板印刷术及纠缠光子对的编码等应用具有重要的意义。

此外,处理啁啾纠缠光子对压缩这一问题的物理核心是如何消除或补偿二次相位因子,对这一问题的研究具有处理二次相位的普遍适用性,可以拓展到双光子吸收过程,二次谐波产生过程及啁啾脉冲压缩等与二阶相位关的其他相关领域。最后,研究了脉冲光场作用下啁啾纠缠光子对的产生及其量子特性。

参 考 文 献

[1] DAULER E, JAEGER G, MULLER A, et al. Tests of a Two-Photon Technique for Measuring Polarization Mode Dispersion with Subfemtosecond Precision [J]. Journal of Research of the National Institute of Standards & Technology, 1999, 104(1):1-10.

[2] CARRASCO S, NASR M B, SERGIENKO A V, et al. Broadband light generation by noncollinear parametric downconversion [J]. Optics letters, 2006, 31(2):253-255.

[3] O'DONNELL K A, U'REN A B. Observation of ultrabroadband, beamlike parametric downconversion[J]. Optics letters, 2007, 32(7):817-819.

[4] HENDRYCH M, SHI X, VALENCIA A, et al. Broadening the bandwidth of entangled photons: A step towards the generation of extremely short biphotons[J]. Physical Review A, 2009, 79(2):023817.

[5] KATAMADZE K G, KULIK S P. Control of the spectrum of the biphoton field[J]. Journal of Experimental and Theoretical Physics, 2011, 112(1):20-37.

[6] OKANO M, OKAMOTO R, TANAKA A, et al. Generation of broadband spontaneous parametric fluorescence using multiple bulk nonlinear crystals[J]. Optics express, 2012, 20(13):13977-13987.

[7] HUM D S, FEJER M M. Quasi-phasematching[J]. Comptes Rendus Physique, 2007, 8(2):180-198.

[8] CARRASCO S, TORRES J P, TORNER L, et al. Enhancing the axial resolution of quantum optical coherence tomography by chirped quasi – phase matching[J]. Optics letters, 2004, 29(20):2429 – 2431.

[9] NASR M B, CARRASCO S, SALEH B E A, et al. Ultrabroadband biphotons generated via chirped quasi – phase – matched optical parametric down – conversion[J]. Physical review letters, 2008, 100 (18):183601.

[10] NASR M B, MINAEVA O, GOLTSMAN G N, et al. Submicron axial resolution in an ultrabroadband two – photon interferometer using superconducting single – photon detectors[J]. Optics express, 2008, 16 (19):15104 – 15108.

[11] FRAINE A, MINAEVA O, SIMON D S, et al. Broadband source of polarization entangled photons[J]. Optics letters, 2012, 37 (11): 1910 – 1912.

[12] ANTONOSYAN D A, TAMAZYAN A R, KRYUCHKYAN G Y. Chirped quasi – phase – matching with Gauss sums for production of biphotons[J]. Journal of Physics B:Atomic, Molecular and Optical Physics, 2012, 45(21):215502.

[13] HARRIS S E. Chirp and compress:toward single – cycle biphotons[J]. Physical review letters, 2007, 98(6):063602.

[14] SENSARN S, YIN G Y, HARRIS S E. Generation and compression of chirped biphotons[J]. Physical review letters, 2010, 104(25):253602.

[15] TANAKA A, OKAMOTO R, LIM H H, et al. Noncollinear parametric fluorescence by chirped quasi – phase matching for monocycle temporal entanglement[J]. Optics express, 2012, 20(23): 25228 – 25238.

[16] BRIDA G, CHEKHOVA M V, DEGIOVANNI I P, et al. Chirped biphotons and their compression in optical fibers[J]. Physical review letters, 2009, 103(19):193602.

[17] BRIDA G, CHEKHOVA M V, DEGIOVANNI I P, et al. Biphoton compression in a standard optical fiber:Exact numerical calculation[J]. Physical Review A, 2010, 81(5):053828.

[18] KITAEVA G K, CHEKHOVA M V, SHUMILKINA O A. Generation of broadband biphotons and their compression in an optical fiber[J]. Journal of

Experimental and Theoretical Physics Letters, 2009, 90(3):172 - 176.

[19] HONG C K, OU Z Y, MANDEL L. Measurement of subpicosecond time intervals between two photons by interference [J]. Physical Review Letters, 1987, 59(18):2044.

[20] KHAN I A, HOWELL J C. Experimental demonstration of high two - photon time - energy entanglement [J]. Physical Review A, 2006, 73 (3):031801.

[21] LAW C K, WALMSLEY I A, EBERLY J H. Continuous frequency entanglement:effective finite Hilbert space and entropy control[J]. Physical Review Letters, 2000, 84(23):5304.

[22] GIOVANNETTI V, LLOYD S, MACCONE L. Advances in quantum metrology[J]. Nature Photonics, 2011, 5(4):222 - 229.

[23] D'ANGELO M, CHEKHOVA M V, SHIH Y. Two - photon diffraction and quantum lithography[J]. Physical review letters, 2001, 87(1):013602.

[24] GEA - BANACLOCHE J. Two - photon absorption of nonclassical light[J]. Physical review letters, 1989, 62(14):1603.

[25] GEORGIADESNP, POLZIK E S, EDAMATSU K, et al. Nonclassical excitation for atoms in a squeezed vacuum[J]. Physical review letters, 1995, 75(19):3426.

[26] VALENCIA A, SCARCELLI G, SHIH Y. Distant clock synchronization using entangled photon pairs [J]. Applied Physics Letters, 2004, 85(13):2655 - 2657.

[27] BELLINI M, MARIN F, VICIANI S, et al. Nonlocal pulse shaping with entangled photon pairs[J]. Physical review letters, 2003, 90(4): 043602.

[28] VALENCIA A, CERÉ A, SHI X, et al. Shaping the waveform of entangled photons[J]. Physical review letters, 2007, 99(24):243601.

[29] BAI Y F, XU P, XIE Z D, et al. Mode - locked biphoton generation by concurrent quasi - phase - matching[J]. Physical Review A, 2012, 85 (5):053807.

[30] PE'ER A, DAYAN B, FRIESEM A A, et al. Temporal shaping of entangled photons[J]. Physical review letters, 2005, 94(7):073601.

[31] WEINER A M. Ultrafast optical pulse shaping:A tutorial review[J].

Optics Communications，2011，284(15):3669 - 3692.

[32] ZÄH F，HALDER M，FEURER T. Amplitude and phase modulation of time - energy entangled two - photon states[J]. Optics express，2008，16(21):16452 - 16458.

[33] LUKENS J M，DEZFOOLIYAN A，LANGROCK C，et al. Biphoton manipulation with a fiber - based pulse shaper[J]. Optics letters，2013，38 (22):4652 - 4655.

[34] LUKENS J M，DEZFOOLIYAN A，LANGROCK C，et al. Demonstration of high - order dispersion cancellation with an ultrahigh - efficiency sum - frequency correlator[J]. Physical review letters，2013，111(19):193603.

[35] LUKENS J M，DEZFOOLIYAN A，LANGROCK C，et al. Orthogonal spectral coding of entangled photons[J]. Physical review letters，2014，112(13):133602.

[36] LUKENS J M，ODELE O，LANGROCK C，et al. Generation of biphoton correlation trains through spectral filtering [J]. Optics express，2014，22(8):9585 - 9596.

[37] HECHT E. Optics[M]. 2nd ed. USA:Addison - Wesley，Reading，MA，1989.

[38] BROERS B，NOORDAM L D，VAN DEN HEUVELL H B L. Diffraction and focusing of spectral energy in multiphoton processes [J]. Physical Review A，1992，46(5):2749.

[39] MANDEL L WOLF E. Optical Coherence and Quantum Optics[M]. UK，Cambridge:Cambridge University Press，1995.

[40] GLAUBER R. The quantum theory of optical coherence[J]. Physical Review，1963，130(6):2529 - 2539.

[41] KATAMADZE K. Control of the spectrum of the biphoton field[J]. Journal of Experimental and Theoretical Physics Letters，2011，112 (1):20 - 37.

[42] KIM Y H. Measurement of one - photon and two - photon wave packets in spontaneous parametric downconversion[J]. Journal of the Optical Society of America B，2003，20(9):1959 - 1966.

[43] CHEKHOVA M V. Two - photon spectron [J]. Journal of Experimental and Theoretical Physics Letters，2002，75(5):225 - 226.

[44] VALENCIA A，CHEKHOVA M V，TRIFONOV A，et al. Entangled

two – photon wave packet in a dispersive medium[J]. Physical review letters, 2002, 88(18):183601.

[45] LI B H, Xu Y, Zhu H, et al. Temporal compression and shaping of chirped biphotons using Fresnel – inspired binary phase shaping[J]. Physical Review A, 2015, 91(2):023827.

[46] LI B H. Compression of chirped biphotons by Fresnel – inspired binary phase shaping[C]// CLEO Pacific Rim Conference, OSA Technical Digest. Optical Society of America, 2018:110.

[47] 李百宏, 王豆豆, 庞华锋, 等. 用二元相位调制实现啁啾纠缠光子对关联时间的压缩[J]. 物理学报, 2017, 66(4):044206.

[48] Thyagarajan K, Lugani J, Ghosh S, et al. Generation of polarization – entangled photons using type – II doubly periodically poled lithium niobate waveguides[J]. Physical Review A, 2009, 80(5):052321.

[49] Lugani J, Ghosh S, Thyagarajan K. Generation of modal – and path – entangled photons using a domain – engineered integrated optical waveguide device[J]. Physical Review A, 2011, 83(6):062333.

[50] 李百宏. 一种啁啾纠缠光子对的压缩装置及方法:201610077380.8[P]. 2018 – 12 – 07.

[51] 李百宏. 一种啁啾纠缠光子对的压缩装置及方法:201620111721.4[P]. 2016 – 09 – 14.

[52] NASR M B, DI GIUSEPPE G, SALEH B E A, et al. Generation of high – flux ultra – broadband light by bandwidth amplification in spontaneous parametric down conversion[J]. Optics communications, 2005, 246(4):521 – 528.

[53] 李百宏, 炎正馨, 张涛, 等. 脉冲光场作用下啁啾双光子量子特性研究[J]. 光学学报, 2012, 32(4):256 – 261.

[54] GRICE W P, WALMSLEY I A. Spectral information and distinguishability in type – II down – conversion with a broadband pump[J]. Physical Review A, 1997, 56(2):1627 – 1634.

[55] JAN PERINA, JR. , ALEXANDER V. SERGIENKO, BRADLEY M. JOST, et al. Dispersion in femtosecond entangled two – photon interference[J]. Physical Review A, 1999, 59(3):2359 – 2368.

第6章
啁啾超短光脉冲压缩

6.1 引　　言

脉冲压缩是产生超短激光脉冲的关键,而高时间分辨率的探测技术则依赖于超短脉冲技术的发展[1]。从 20 世纪 70 年代开始,就不断有研究者研究脉冲压缩技术[2-6]。过去的几十年,脉冲压缩技术的发展带动了激光科学朝着最短脉冲的快速改革,脉冲宽度已经从纳秒级、皮秒级发展到现在的飞秒级。超快过程的研究需要更短的超短脉冲,目前超短脉冲技术正在朝着具有几个光学周期的脉冲持续时间[7]甚至更短的阿秒级脉冲迈进。当激光脉冲在空气或其他介质中传输时,正群速度色散引起的相位移动从而导致最初的变换受限脉冲被拓宽。为了补偿这种色散的影响,可以利用光栅对、棱镜对或啁啾镜在频域使光谱中所有频率分量的相位均一化而压缩脉冲[8-12]。此外,还可以通过在时域的方法压缩脉冲,例如利用时域优化的啁啾多层镜的设计[13-14]、基于液晶空间光调制器的脉冲整形方法[15]、可编程声光色散滤波器[16-18]、啁啾光纤布拉格光栅(CFBGs)[19-22]、Gires – Tournois 干涉仪[23]、反馈环路方案[24-26]及时间延迟干涉[27]等。然而,对于这些方法中的大部分而言,都要让光通过材料来传输,因而损耗了光子能量,并限制了其所能压缩的带宽及压缩效率。如今,由于脉冲整形器件集成化、简单化,从而提供了一种紧凑易操作的脉冲压缩方法。文献[28]比较了仅用一个脉冲整形器实现脉冲压缩目标所用的各种方法的优缺点。此外,美国斯坦福大学的 Fejer 小组利用啁啾准相位匹配晶体中的超短二次谐波产生过程,将啁啾基波脉冲压缩获得了接近傅里叶变换受限的超短二次谐波脉冲[29-33]。但这些方案都会降低入射脉冲的光子能量,且其中很多方案结构较复杂,不容易实验实现。本章将简单介绍超短脉冲压缩的基本原理和方法,并比较它们的优缺点。基于脉冲整形技术,提出一种利用 FIBPS 方案实现啁啾光脉冲压缩的新方法。该方法简单紧凑且不影响入射脉冲的能量,又很容易实验实现。

6.2 超短脉冲压缩的基本原理和方法

6.2.1 超短脉冲光谱展宽

根据傅里叶变换中时间和频率的关系,变换极限脉冲的脉宽和谱宽的乘积大于或等于某一常数。频谱越宽,所能获得的时域变换极限脉冲脉宽越窄。因此,宽频带光谱是获得超短脉冲的必要条件。实际脉冲的脉宽不仅取决于频谱宽度,还与脉冲的啁啾性质(相位)有关。而脉冲啁啾的存在主要是由频率的二次相位因子色散决定。因此,超短脉冲压缩包含两个过程:一是脉冲频谱的展宽;二是脉冲啁啾色散的补偿。

光谱展宽主要利用超短脉冲激光在材料中的非线性效应,主要的展宽方法有光脉冲相位调制展宽和光谱相干合成。

1. 超短脉冲相位调制光谱展宽

当超短脉冲在介质中传播时,由于自相位调制效应的存在,光谱会被展宽[34]。通常采用惰性气体作为光谱展宽介质。入射激光脉冲在填充惰性气体的中空光纤中与惰性气体相互作用,随着激光脉冲在中空光纤的传输,由于自相位调制作用光谱的长波和短波方向不断产生新的光谱成分,最终形成宽带光谱。光谱展宽后的激光脉冲输出后经过色散补偿,可以压缩至接近傅里叶变换受限的超短脉冲。该方法可以用来产生单周期的高能量脉冲。

2. 光谱相干合成

光谱相干合成就是将不同中心波长的超短脉冲进行相干叠加,再经过色散补偿获得超短脉冲的方法。这种方法要求参与相干合成的超短脉冲具有相同的重复频率和固定的相位关系。实现相干合成的其中一种就是将不同波长的飞秒震荡器利用主动或被动同步技术进行同步,同时锁定它们之间的相位。Shelton等人首先利用两台不同中心波长的钛宝石振荡器验证了相干合成的可行性。产生的合成脉冲不仅脉宽减小了,而且振幅信号增强了[35]。Sun 等人通过控制飞秒光学参量震荡器(OPO)输出的两个信号光间的相位,产生了 30 fs 相干合成超短脉冲,从而证明了利用 OPO 实现相干合成的可行性[36]。此外,美国斯坦福大学的 Harris 研究小组利用不同频率的激光激发氘产生多条斯托克斯和反斯托克斯边带,将这些边带组和在一起,再利用空间光调制器(SLM)进行色散补偿,获得了脉冲宽度为 1.6 fs、间隔为 11 fs 的超短脉冲序列[37]。Matsubara 等人则将晶体中产生的多阶相干反斯托克斯光谱利用凹面镜与光栅合并成一束,再使用 SLM 进行色散补偿,得到了 25 fs 的超短脉冲[38]。而研究发现,利用级联四波混频光谱也可以用于相干合成产生超短脉冲[39]。

6.2.2 超短脉冲色散补偿技术

尽管光谱被展宽了,但由于频率二次相位因子的色散作用,其光谱振幅的傅里叶变换不是受限的。因此,只有通过色散补偿消除二次相位因子,才能获得相应的变换受限脉冲。要产生光学周期级的超短脉冲,需要在很宽的光谱范围内实现脉冲的色散补偿。

最初使用棱镜对进行色散补偿。补偿程度由棱镜对的插入深度决定。棱镜对的优点是插入损耗小,但由于大能量脉冲在玻璃介质中传播时会出现自聚焦及自相位调制,因此不适合用棱镜对来色散补偿,而是用光栅对来进行。

由于棱镜对和光栅对的补偿带宽有限,无法实现低于 10 fs 的超短脉冲。1994 年 Szipöcs 等人提出并设计了啁啾镜[40]。啁啾镜是特别设计的多层膜介质反射镜,不同深度膜层的中心反射波长连续改变。入射光被啁啾镜反射后各频率成分在膜层中的穿透深度不同,因而产生了色散延迟。通过对多层膜结构精密设计就可以实现宽带的色散补偿。此外,基于 $4f$ 系统及相位调制器的色散补偿技术也被广泛应用。该技术将相位调制器放置在 $4f$ 系统中的傅里叶平面上,在该处将不同频率的光在空间分离开来,利用可编程液晶空间调制器对各频率成分分别施加相应的调制量,实现超短脉冲的色散补偿[15]。此外,可编程声光色散滤波器、啁啾光纤布拉格光栅(CFBGs)、Gires - Tournois 干涉仪、反馈环路方案及时间延迟干涉等方法都可以实现色散补偿。

6.3 利用 FIBPS 压缩啁啾光脉冲的研究

光脉冲光场在频域可以表示为

$$E(\omega) = A(\omega)\exp[i\phi(\omega)] \tag{6.3.1}$$

其中,$A(\omega)$ 和 $\phi(\omega)$ 分别为此脉冲的光谱振幅和相位。若要将此脉冲压缩成 TL 脉冲,则需引入另一相位 $\varphi(\omega)$,满足以下相位补偿条件:

$$\phi(\omega) + \varphi(\omega) = 0 \tag{6.3.2}$$

这就是脉冲压缩的基本思想。

以下考虑一含有二次相位(线性频率啁啾)的啁啾光脉冲,光场在频域可以表示为

$$E(\omega) = A(\omega)\exp[i\alpha(\omega - \omega_0)^2] \tag{6.3.3}$$

其中 $\Omega = \omega - \omega_0$ 是相对于中心频率 ω_0 的偏移量,α 为啁啾参数。对应的时域脉

冲可以通过方程(6.3.3)的傅里叶变换得到

$$E(t) = \int_{-\infty}^{+\infty} A(\omega') \exp(i\alpha\omega'^2) \exp(i\omega t') d\omega' \qquad (6.3.4)$$

可以看到,式(6.3.4)中出现了一个二次非线性频率相位因子($\alpha\omega'^2$)。这一相位因子的存在,导致时域脉冲不是变换受限(TL)脉冲。因此,尽管入射的初始啁啾脉冲的频谱很宽,但脉冲持续时间并不是很短,反而由于二次相位的影响被拓宽。显然,这不利于超短脉冲的产生。为了将脉冲重新压缩回变换受限的宽度,必须消除或补偿频率二次相位。

将在下文中指出,可以通过对啁啾脉冲光谱施加 FIBPS 整形的方法来解决上述问题。根据提出的 FIBPS 整形方案,针对方程(6.3.2)中的啁啾大小,所整形光谱的第 n 个频率波带的边界可以表示为

$$\pm\Omega_n = \pm\sqrt{[3+4(n-1)]\pi/\alpha} \qquad (n=1,2,3,\cdots) \qquad (6.3.5)$$

频率波带的总数为 $N = 2n-1$。FIBPS 整形函数为

$$\text{FIBPS}(\Omega) = \frac{\pi}{2}\left[\prod_n \text{sgn}(\Omega_n - |\Omega|) + 1\right] \qquad (6.3.6)$$

在本书 4.3 节中已经证明,FIBPS 会引入一个负的频率二次相位因子。利用方程(6.3.5)的相位整形方案,引入的相位补偿函数为

$$\varphi(\omega) = \exp\left(-\frac{i\pi\omega^2}{\lambda'f'}\right) = \exp\left(-\frac{i\alpha\omega^2}{1-1/4n}\right) \qquad (6.3.7)$$

由方程(6.3.2)相位补偿条件得到

$$\alpha - \frac{\alpha}{(1-1/4n)} = 0 \qquad (6.3.8)$$

理论上,当 $n \to \infty$ 时,式(6.3.8)成立。实际中,只要 n 足够大,例如 $n=20$,即可。因此,仅仅通过 FIBPS 对啁啾光谱进行整形,就可以将啁啾脉冲的脉宽压缩到变换受限的时间宽度。

图 6.3.1 给出了利用上述方法对高斯型啁啾脉冲压缩的理论计算结果。理论计算所用的参数为,脉冲中心波长为 814 nm,光谱宽度(半高全宽)7 nm,整形宽度(全宽)$\Delta\lambda = 18.674$ nm($\Delta\omega = 5.315 \times 10^{13}$ rad/s),整形范围为 804.47 ~ 823.14 nm。根据这一整形带宽,$n=7$,$n=11$($N=13$,$N=21$)时对应的啁啾系数分别为 $\alpha_1 = 300\ 23$ fs^2,$\alpha_2 = 478\ 15$ fs^2。

图 6.3.1(a)中细线($n=7$,α_1)和虚线($n=11$,α_2)分别表示有啁啾时的脉冲被拓宽的结果,可以看到啁啾越大,脉冲时域宽度越大。说明啁啾对脉宽具有展宽的作用。粗线表示压缩的结果($n=11$),比起虚线(啁啾 2)的展宽结果,脉宽

被压缩到很窄的宽度,压缩因子约为12.6,压缩后的强度是未压缩时(啁啾2)的12倍。图6.3.1(b)给出了归一化的压缩结果(细线$n=7$,方点线$n=11$)与归一化的 TL 结果(虚线)的比较。说明压缩后的脉宽和 TL 的脉宽(约148fs)一致,且 n 越大,压缩结果越接近于 TL 结果。说明此方法是有效的。

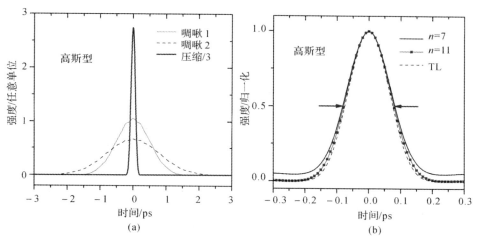

图 6.3.1 数值模拟结果

(a)高斯型啁啾激光脉冲的压缩结果; (b)归一化的压缩结果

此方法的实验验证是由 Lozovoy 等人在 2017 年完成的[41]。实验结果如图6.3.2 所示。图 6.3.2(a)中虚线表示待整形啁啾脉冲的光谱,抛物曲线(实线)表示啁啾系数为 10 000 fs^2 的待整形啁啾脉冲的相位,阶梯线代表用来压缩啁啾脉冲的 FIBPS 相位整形。

图 6.3.2(b)中虚线表示用互关联方法测量到的 TL 时域脉冲,粗线表示经啁啾展宽后的时域脉冲,细线表示利用 FIBPS 压缩后的时域脉冲。可以看到,由于啁啾的作用脉冲被极大地展宽(10 倍),而利用 FIBPS 压缩后的脉冲宽度与TL 脉冲宽度接近,但信号强度更小。为了更好地表示压缩的效果,在图 6.3.2(c)中给出了归一化的 TL 时域脉冲(虚线)和归一化的压缩后的时域脉冲。为了更清楚地看到压缩的细节及脉冲在长时间内的行为和能量分布,文献[4]在图6.3.2(d)中用对数坐标的方式给出了正向延迟时间内(正负两个方向的分布是对称的)的 TL 脉冲(虚线)、经啁啾展宽 10 倍后的脉冲(上点画线)、经啁啾展宽100 倍后的脉冲(下点画线)及对应的用 FIBPS 压缩后的脉冲(实线)。

可以看到,压缩后的脉冲宽度和 TL 脉冲宽度一致,说明压缩的效果很好。

唯一的缺点是,残留的相消干涉导致脉冲强度的损失,使得输出强度减小到约40%。而传统的光栅展宽器和压缩器的典型输出强度约为50%。当然,可以通过优化设计进一步提高其输出效率。

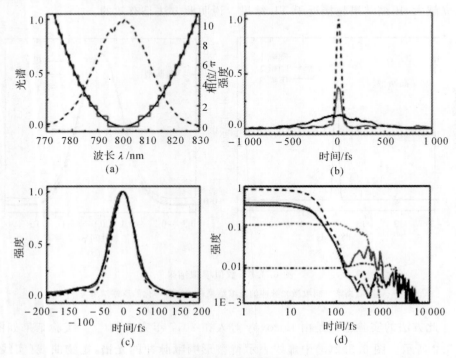

图 6.3.2　实验结果

(a)高斯型啁啾脉冲光谱(虚线)及其抛物型相位(实线),FIBPS 整形方案(阶梯型实线);

(b) 利用互关联测量的时域脉冲形状,TL 时域脉冲(虚线),

经啁啾展宽的脉冲(粗线)及用 FIBPS 压缩后的脉冲(细线);

(c)归一化的时域脉冲比较;　(d)用对数坐标表示的在正向延迟时间内的脉冲形状

　　此外,他们还通过数值模拟研究了:①利用 FIBPS 和 FIBAS 等不同方法压缩脉冲效果的比较;②输入脉冲具有不同线型时利用 FIBPS 压缩脉冲的结果;③实验条件的不完美对压缩效果的影响及此方法对于高能脉冲压缩时如何用非线性滤波处理对比率的问题。

　　利用 FIBPS 和 FIBAS 压缩脉冲效果的比较结果如图 6.3.3 所示。图 6.3.3(a)代表高斯型啁啾光谱(虚线),用来展宽脉冲的抛物型相位(实线)及用来压缩啁啾脉冲的相应相位或振幅。图 6.3.3(b)代表用对数坐标表示的 TL

脉冲,经啁啾展宽的脉冲,及压缩后的脉冲在时域的分布。图 6.3.3(c)代表对应的归一化的脉冲。第一行代表相位整形方案及结果。可以看到,经啁啾后脉冲被展宽到原来的 50 倍,而其峰值强度则减小到原来的 2%。尽管压缩后的脉冲峰值强度只有 0.4 左右,但从图 6.3.3(c)中可以看到,压缩后的脉宽和 TL 脉宽是一致的。第二行代表相应的振幅整形方案及结果,可以看到,同样将啁啾脉冲压缩到和 TL 一样的脉宽,但压缩后的脉冲峰值强度只有不到 0.15,而且压缩后的脉冲出现了更大的背景使脉冲的对比率变低。因此,利用相位要比利用振幅压缩的效果更好。

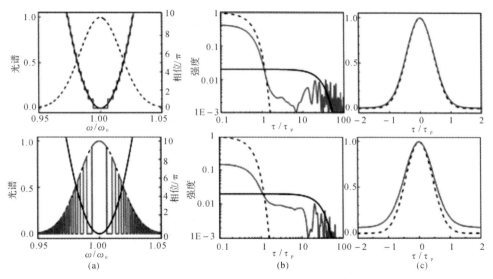

图 6.3.3　不同方法压缩结果的比较[41]

(a)高斯型啁啾脉冲光谱(虚线)及其抛物型相位(实线),整形方案(阶梯型实线);

(b)利用互关联测量的,用对数坐标表示的在正向延迟时间内的脉冲形状,TL 时域脉冲(虚线),

经啁啾展宽的脉冲(粗线)及用 FIBPS 压缩后的脉冲(细线);　(c)归一化的时域脉冲比较

(注:第一行和第二行分别表示利用相位和振幅整形的方案及结果)

图 6.3.4 给出了不同脉冲形状和相位的压缩结果的比较。可见,此压缩方法不依赖于脉冲形状和用于展宽脉冲的相位,对所有具有对称性分布的脉冲形状和相位都适用。此外,研究还发现此方法与非线性滤波处理相结合将会提高高能脉冲压缩的对比率。文中还研究了实验条件的不完美对压缩效果的影响及此方法的适用范围及局限性。详情请查阅参考文献[41]。

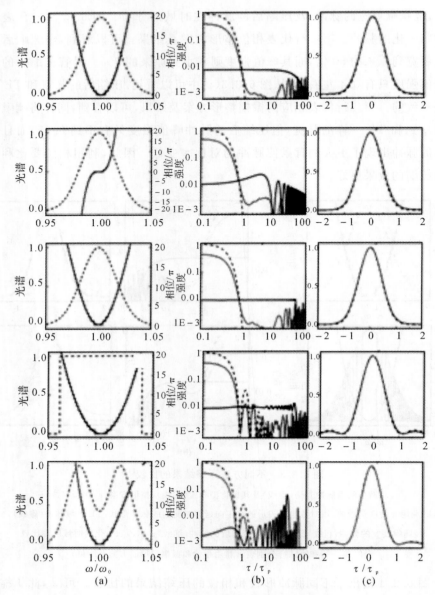

图 6.3.4　不同脉冲和相位的压缩结果的比较[41]

(a)脉冲光谱(虚线)及其抛物型相位(虚线),FIBPS 整形方案(阶梯型实线)；　(b)利用互关联测量的,
用对数坐标表示的在正向延迟时间内的脉冲形状,TL 时域脉冲(虚线),经啁啾展宽的脉冲(粗线)
及用 FIBPS 压缩后的脉冲(细线)；　(c)归一化的时域脉冲比较

[注:第一行具有线性啁啾的高斯谱,第二行具有三阶(立方)色散的高斯谱,第三行具有非线性啁啾的高斯谱,
第四行具有线性啁啾的方型谱,第五行具有非线性相位色散(二次和立方相位之和)的复杂光谱(双高斯型)]

6.4 小 结

本章介绍了超短脉冲压缩的基本原理和常用方法。提出了一种基于 FIBPS 压缩啁啾光脉冲的新方法,通过理论计算和实验验证获得了接近傅里叶变换受限脉冲宽度的超短脉冲。此外,还给出了利用 FIBPS 和 FIBAS 等不同方法压缩脉冲效果的比较、输入脉冲具有不同线型和不同相位时利用 FIBPS 压缩脉冲的结果、实验条件的不完美对压缩效果的影响等。

参 考 文 献

[1] KRAUSZ F, IVANOV M. Attosecond physics[J]. Reviews of Modern Physics, 2009, 81(1):163.

[2] TREACY E. Optical pulse compression with diffraction gratings[J]. IEEE Journal of Quantum Electronics, 1969, 5(9):454 – 458.

[3] GRISCHKOWSKY D. Optical pulse compression[J]. Applied Physics Letters, 1974, 25(10):566 – 568.

[4] SHANK C V, FORK R L, YEN R, et al. Compression of femtosecond optical pulses[J]. Applied Physics Letters, 1982, 40(9):761 – 763.

[5] GRISCHKOWSKY D, BALANT A C. Optical pulse compression based on enhanced frequency chirping[J]. Applied Physics Letters, 1982, 41(1):1 – 3.

[6] WINFUL H G. Pulse compression in optical fiber filters[J]. Applied Physics Letters, 1985, 46(6):527 – 529.

[7] KELLER U. Recent developments in compact ultrafast lasers[J]. Nature, 2003, 424(6950):831 – 838.

[8] FORK R L, BRITO CRUZ C H, BECKER P C, et al. Compression of optical pulses to six femtoseconds by using cubic phase compensation[J]. Optics letters, 1987, 12(7):483 – 485.

[9] BALTUSKA A, WEI Z, PSHENICHNIKOV M S, et al. Optical pulse compression to 5 fs at a 1 – MHz repetition rate[J]. Optics letters, 1997, 22(2):102 – 104.

[10] ARMSTRONG M R, PLACHTA P, PONOMAREV E A, et al. Versatile 7 – fs optical parametric pulse generation and compression by use of adaptive optics[J]. Optics letters, 2001, 26(15):1152 – 1154.

[11] YAMANE K, ZHANG Z, OKA K, et al. Optical pulse compression to 3. 4 fs in the monocycle region by feedback phase compensation[J]. Optics letters, 2003, 28(22):2258 - 2260.

[12] PERVAK V, AHMAD I, FULOP J, et al. Comparison of dispersive mirrors based on the time - domain and conventional approaches, for sub - 5 - fs pulses[J]. Optics express, 2009, 17(4):2207 - 2217.

[13] DOMBI P, YAKOVLEV V S, O' KEEFFE K, et al. Pulse compression with time - domain optimized chirped mirrors[J]. Optics express, 2005, 13(26):10888 - 10894.

[14] BOURASSIN - BOUCHET C, DE ROSSI S, WANG J, et al. Shaping of single - cycle sub - 50 - attosecond pulses with multilayer mirrors[J]. New Journal of Physics, 2012, 14(2):023040.

[15] WEINER A M, LEAIRD D E, PATAL J S, et al. Programmable femtosecond pulse shaping by use of a multielement liquid - crystal phase modulator[J]. Optics Letters, 1990, 15(6):326 - 328.

[16] OSVAY K, MERO M, BÖRZSÖNYI Á, et al. Spectral phase shift and residual angular dispersion of an acousto - optic programmable dispersive filter[J]. Applied Physics B, 2012, 107(1):125 - 130.

[17] VERLUISE F, LAUDE V, CHENG Z, et al. Amplitude and phase control of ultrashort pulses by use of an acousto - optic programmable dispersive filter: pulse compression and shaping[J]. Optics letters, 2000, 25(8):575 - 577.

[18] SERES E, HERZOG R, SERES J, et al. Generation of intense 8 fs laser pulses[J]. Optics express, 2003, 11(3):240 - 247.

[19] WU H C, SHENG Z M, ZHANG J. Chirped pulse compression in nonuniform plasma Bragg gratings[J]. Applied Physics Letters, 2005, 87 (20):201502.

[20] GUMENYUK R, VARTIAINEN I, TUOVINEN H, et al. Dispersion compensation technologies for femtosecond fiber system[J]. Applied optics, 2011, 50(6):797 - 801.

[21] LIU W, LI M, WANG C, et al. Real - time interrogation of a linearly chirped fiber Bragg grating sensor based on chirped pulse compression with improved resolution and signal - to - noise ratio[J]. Journal of Lightwave Technology, 2011, 29(9):1239 - 1247.

［22］ BERNIER M，SHENG Y，VALLÚE R Ú. Ultrabroadband fiber Bragg gratings written with a highly chirped phase mask and infrared femtosecond pulses［J］. Optics express，2009，17(5)：3285 – 3290.

［23］ HACKER M，STOBRAWA G，SAUERBREY R. Femtosecond – pulse sequence compression by Gires Tournois interferometers［J］. Optics letters，2003，28(3)：209 – 211.

［24］ YELIN D，MESHULACH D，SILBERBERG Y. Adaptive femtosecond pulse compression［J］. Optics letters，1997，22(23)：1793 – 1795.

［25］ BAUMERT T，BRIXNER T，SEYFRIED V，et al. Femtosecond pulse shaping by an evolutionary algorithm with feedback［J］. Applied Physics B：Lasers and Optics，1997，65(6)：779 – 782.

［26］ SERRAT C. Broadband spectral – phase control in high – order harmonic generation［J］. Physical Review A，2013，87(1)：013825.

［27］ MI Y，KALDUN A，MEYER K，et al. Time – domain pulse compression by interfering time – delay operations［J］. Physical Review A，2013，88(5)：053824.

［28］ WILCOX D E，OGILVIE J P. Comparison of pulse compression methods using only a pulse shaper［J］. Journal of the Optical Society of America B，2014，31(7)：1544 – 1554.

［29］ ARBORE M A，MARCO O，FEJER M M. Pulse compression during second – harmonic generation in aperiodic quasi – phase – matching gratings［J］. Optics letters，1997，22(12)：865 – 867.

［30］ ARBORE M A，GALVANANSKAS A，HARTER D，et al. Engineerable compression of ultrashort pulses by use of second – harmonic generation in chirped – period – poled lithium niobate［J］. Optics letters，1997，22(17)：1341 – 1343.

［31］ IMESHEV G，ARBORE M A，FEJER M M，et al. Ultrashort – pulse second – harmonic generation with longitudinally nonuniform quasi – phase – matching gratings：pulse compression and shaping［J］. Journal of the Optical Society of America B，2000，17(2)：304 – 318.

［32］ LOZA – ALVAREZ P，EBRAHIMZADEH M，SIBBETT W，et al. Femtosecond second – harmonic pulse compression in aperiodically poled lithium niobate：a systematic comparison of experiment and theory［J］. Journal of the Optical Society of America B，2001，18(8)：1212 – 1217.

[33]　SCHOBER A M, IMESHEV G, FEJER M M. Tunable - chirp pulse compression in quasi - phase - matched second - harmonic generation[J]. Optics letters, 2002, 27(13):1129 - 1131.

[34]　TOMLINSON W J, STOLEN R H, SHANK C V. Compression of optical pulses chirped by self - phase modulation in fibers[J]. Journal of the Optical Society of America B, 1984, 1(2):139 - 149.

[35]　SHELTON R K, MA L S, KAPTEYN H C, et al. Phase - coherent optical pulse synthesis from separate femtosecond lasers[J]. Science, 2001, 293(5533):1286 - 1289.

[36]　SUN J, GALE B J S, REID D T. Coherent synthesis using carrier - envelope phase - controlled pulses from a dual - color femtosecond optical parametric oscillator[J]. Optics letters, 2007, 32(11):1396 - 1398.

[37]　SHVERDIN M Y, WALKER D R, YAVUZ D D, et al. Generation of a single - cycle optical pulse[J]. Physical review letters, 2005, 94(3):033904.

[38]　MATSUBARA E, SEKIKAWA T, YAMASHITA M. Generation of ultrashort optical pulses using multiple coherent anti - Stokes Raman scattering in a crystal at room temperature[J]. Applied Physics Letters, 2008, 92(7):071104.

[39]　WEIGAND R, MENDONCA J T, CRESPO H M. Cascaded nondegenerate four -wave - mixing technique for high - power single - cycle pulse synthesis in the visible and ultraviolet ranges[J]. Physical Review A, 2009, 79(6):063838.

[40]　SZIPÖCS R, SPIELMANN C, KRAUSZ F, et al. Chirped multilayer coatings for broadband dispersion control in femtosecond lasers[J]. Optics Letters, 1994, 19(3):201 - 203.

[41]　VADIM V LOZOVOY, MUATH NAIRAT, AND MARCOS DANTUS. Binary - phase compression of stretched pulses[J]. Journal of Optics, 2017, 19:105506.

附　录

本书部分专业词汇英文缩写及中英对照

简称	英文	中文
GVM	Group Velocity Mismatch	群速度失配
GVD	Group Velocity Dispersion	群速度色散
GDD	Group Delay Dispersion	群延迟色散
MII	Multiphoton – Intrapulse Interference	多光子脉冲内干涉
MIIPS	Multiphoton – Intrapulse Interference Phase Scan	多光子脉冲内干涉相位扫描
BPS	Binary Phase Shaping	二元相位整形
FIBPS	Fresnel – Inspired Binary Phase Shaping	菲涅耳二元相位整形
FIBAS	Fresnel – Inspired Binary Amplitude Shaping	菲涅耳二元振幅整形
TPA	Two – Photon Absorption	双光子吸收
SH	Second Harmonic	二次谐波
SHG	Second Harmonic Generation	二次谐波产生
QPM	Quasi – Phase Matching	准相位匹配
Chirped – QPM	Chirped – Quasi – Phase Matching	啁啾准相位匹配
TL	Transformed – Limited	变换受限
HWP	Half – Wave Plate	半波片
CFBGs	Chirped Fiber Bragg Gratings	啁啾光纤布拉格光栅
CPM	Colliding Pulse Mode – Locking	碰撞脉冲锁模
LC – SLM	Liquid Crystal – Sparial Light Modulator	液晶空间光调制器

FWHM	Full Width at Half Maxima	半高全宽
CT	Coherent Transients	相干瞬态
SPDC	Spontaneous Parameter Down – Conversion	自发参量下转换
s	Signal	信号光
i	Idler	闲置光
CC	Coincidence Count	符合计数
BS	Beam Splitter	分数器
QOCT	Quantum Optical Coherence Tomography	量子相干层析
BIBO	Bismuth Borate	硼酸铋
C – PPSLT	Chirped – Periodically Poled Stoichiometric Litao3	啁啾周期极化化学计量比钽酸锂
C – PPKTP	Chirped – Periodically Poled Potassium Titanyl Phosphate	啁啾周期极化磷酸氧钛钾
C – PPLN	Chirped – Periodically Poled Lithium Niobate	啁啾周期极化铌酸锂
SPCM	Single Photon Counting Modules	单光子计数模块
NLC	Nonlinear Crystal	非线性晶体
NLO	Nolinear Optics	非线性光学
OPO	Optical Parametric Oscillator	光学参量震荡器
SFG	Sum – Frequency Generation	和频产生
CCD	Charge Coupled Device	电荷耦合器件
HOM	Hong – Ou – Mandel	
HBT	Hanbury Brown – Twiss	
	Fresnel Diffraction	菲涅耳衍射
	The Space – Time (Frequency) Duality Duality	空间-时间(频率)对偶性
	Selective Two – Photon Microscopy	选择性双光子显微
	Fundamental Optical Wave	基波光波
	Walk – Off	走离
	Primary Numbers	主数

Optimization Algorithm	优化算法
Radio‑Frequency Photonics	射频光子学
Modulator Array	调制器阵列
Microlithographic Patterning Techniques	显影光刻图案技术
Mask	掩膜
Pixels	像素点
Chirped Biphotons	啁啾纠缠光子对
Dip	凹陷
Single‑Cycle	单个光学周期
Biphoton Pulse Shaping	纠缠光子对脉冲整形